창의영재수학

아이앤아이

영재들의
수학여행

 Math Travel

입문
초등 1~3학년

 E
자료와 가능성
───────
일본편

창의영재수학

아이 앤 아이

01 수학 여행 테마로 수학 사고력 활동을 자연스럽게 이어갈 수 있도록 하였습니다.

02 키즈 – 입문 – 초급 – 중급 – 고급으로 이어지는 단계별 창의 영재 수학 학습 시리즈입니다.

03 각 챕터마다 기초 – 심화 – 응용의 문제 배치로 쉬운 것부터 차근차 근 문제해결력을 향상시킵니다.

04 각종 수학 사고력, 창의력 문제, 지능검사 문제, 대회 기출 문제 등을 체계적으로 정밀하게 다듬어 정리하였습니다.

05 과학, 음악, 미술, 영화, 스포츠 등에 관련된 융합형(STEAM) 수학 문제를 흥미롭게 다루었습니다.

06 보충학습/과제는 워크북(G)을 활용하세요.

창의영재가 되어볼까?

교재 구성

	A (수)	B (연산)	C (도형)	D (측정)	E (규칙)	F (문제해결력)	G (워크북)
키즈 (6세 7세 초1)	수와 숫자 수 비교하기 수 규칙 수 퍼즐	가르기와 모으기 덧셈과 뺄셈 식 만들기 연산 퍼즐	평면도형 입체도형 위치와 방향 도형 퍼즐	길이와 무게 비교 넓이와 들이 비교 시계와 시간 부분과 전체	패턴 이중 패턴 관계 규칙 여러 가지 규칙	모든 경우 구하기 분류하기 표와 그래프 추론하기	수 연산 도형 측정 규칙 문제해결력

	A (수와 연산)	B (도형)	C (측정)	D (규칙)	E (자료와 가능성)	F (문제해결력)	G (워크북)
입문 (초 1~3)	수와 숫자 조건에 맞는 수 수의 크기 비교 합과 차 식 만들기 벌레 먹은 셈	평면도형 입체도형 모양 찾기 도형 나누기와 움직이기 쌓기나무	길이 비교 길이 재기 넓이와 들이 비교 무게 비교 시계와 달력	수 규칙 여러 가지 패턴 수 배열표 암호 새로운 연산 기호	경우의 수 리그와 토너먼트 분류하기 그림 그려 해결하기 표와 그래프	문제 만들기 주고 받기 어떤 수 구하기 재치있게 풀기 추론하기 미로와 퍼즐	수와 연산 도형 측정 규칙 자료와 가능성 문제해결력

	A (수와 연산)	B (도형)	C (측정)	D (규칙)	E (자료와 가능성)	F (문제해결력)
초급 (초 3~5)	수 만들기 수와 숫자의 개수 연속하는 자연수 가장 크게, 가장 작게 도형이 나타내는 수 마방진	색종이 접어 자르기 도형 붙이기 도형의 개수 쌓기나무 주사위	길이와 무게 재기 시간과 들이 재기 덮기와 넓이 도형의 둘레 원	수 패턴 도형 패턴 수 배열표 새로운 연산 기호 규칙 찾아 해결하기	가짓수 구하기 리그와 토너먼트 금액 만들기 가장 빠른 길 찾기 표와 그래프(평균)	한붓 그리기 논리 추리 성냥개비 다른 방법으로 풀기 간격 문제 배수의 활용

	A (수와 연산)	B (도형)	C (측정)	D (규칙)	E (자료와 가능성)	F (문제해결력)
중급 (초 4~6)	복면산 수와 숫자의 개수 연속하는 자연수 수와 식 만들기 크기가 같은 분수 여러 가지 마방진	도형 나누기 도형 붙이기 도형의 개수 기하판 정육면체	수직과 평행 다각형의 각도 접기와 각 붙여 만든 도형 단위 넓이의 활용	규칙성 찾기 도형과 연산의 규칙 규칙 찾아 개수 세기 교점과 영역 개수 수 배열의 규칙	경우의 수 비둘기집 원리 최단 거리 만들 수 있는, 없는 수 평균	논리 추리 님 게임 강 건너기 창의적으로 생각하기 효율적으로 생각하기 나머지 문제

	A (수와 연산)	B (도형)	C (측정)	D (규칙)	E (자료와 가능성)	F (문제해결력)
고급 (초6~중등)	연속하는 자연수 배수 판정법 여러 가지 진법 계산식에 써넣기 조건에 맞는 수 끝수와 숫자의 개수	입체도형의 성질 쌓기나무 도형 나누기 평면도형의 활용 입체도형의 부피, 겉넓이	시계와 각도 평면도형의 활용 도형의 넓이 거리, 속력, 시간 도형의 회전 그래프 이용하기	암호 해독하기 여러 가지 규칙 여러 가지 수열 연산 기호 규칙 도형에서의 규칙	경우의 수 비둘기집 원리 입체도형에서의 경로 영역 구분하기 확률	홀수와 짝수 조건 분석하기 다른 질량 찾기 뉴튼산 작업 능률

책의 구성과 활용

단원들어가기

친구들의 수학여행(Math Travel)과 함께 단원이 시작됩니다. 여행지에서 수학문제를 발견하고 창의적으로 해결해 나갑니다.

아이앤아이 수학여행 친구들

전 세계 곳곳의 수학 관련 문제들을 풀며 함께 세계여행을 떠날 친구들을 소개할게요!

무우

팀의 맏리더. 행동파 리더.

에너지 넘치는 자신감과 우한 긍정으로 팀원에게 격려와 응원을 아끼지 않는 팀의 맏형, 솔선수범하는 믿음직한 해결사예요.

상상

팀의 챙김이 언니, 아이디어 뱅크.

감수성이 풍부하고 공감력이 뛰어나 동생들의 고민을 경청하고 챙겨주는 맏언니예요.

알알

진지하고 생각많은 똘똘이 알알이.

겁 많고 부끄럼 많고 소심하지만 관찰력이 뛰어나고 생각 깊은 아이예요. 야무진 성격을 보여주는 알밤머리와 주근깨 가득한 통통한 볼이 특징이에요.

제이

궁금한게 많은 막내 엉뚱이 제이.

엉뚱한 질문이나 행동으로 상대방에게 웃음을 주어요. 주위의 것을 놓치고 싶지 않은 장난기가 가득한 애교덩어리입니다.

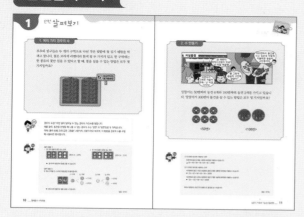

단원의 주제되는 내용을 정리하고 '궁금해요' 문제를 풀어봅니다.

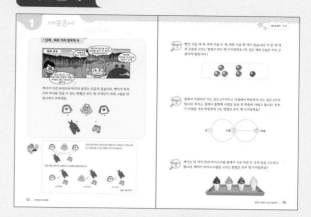

대표되는 문제를 단계적으로 해결하고 '확인하기' 문제를 풀어봅니다.

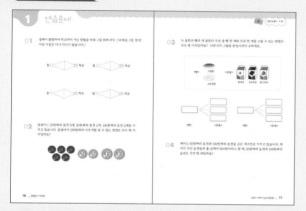

단원살펴보기 및 대표문제에서 익힌 내용을 알차게 구성된 사고력 문제를 통해 점검하며 주제에 대한 탄탄한 기본기를 다집니다.

단원에 관련된 문제의 이해와 응용력을 바탕으로 창의적 문제 해결력을 기릅니다.

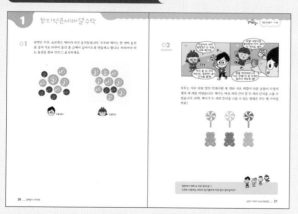

창의력 응용문제, 융합문제를 풀며 해당 단원 문제에 자신감을 가집니다.

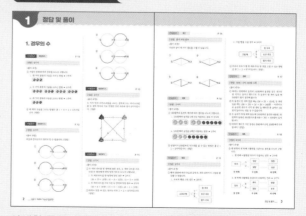

상세한 풀이과정과 함께 수학적 사고력을 완성합니다.

차례
CONTENTS

주사위의 모양?

주사위는 여러 개의 숫자 중 무작위로 한 개의 숫자를 고를 수 있는 놀이 도구입니다. 제이는 여러 가지 입체 도형 위에 눈을 새겨 주사위를 만들고, 이 주사위들을 이용해 친구들과 숫자 놀이를 하려고 합니다. 그런데 무우는 이 중 공평하게 게임을 할 수 있는 주사위는 몇 개뿐이라고 했습니다. 게임을 하기에 적절한 주사위를 모두 골라볼까요?

➡ ③번과 ⑤번은 적절하지 않습니다.

1. 경우의 수

일본
Japan

일본 첫째 날 DAY 1

무우와 친구들은 일본에 도착한 첫째 날, 삿포로에 도착했어요. 삿포로에 있는 <후라노 팜 도미타>, <청의 호수>, <흰수염 폭포>을 여행할 예정이에요. 자, 그럼 <후라노 팜도미타>에서는 어떤 일이 일어날까요?

단원 살펴보기

1. 여러 가지 경우의 수

무우와 친구들은 두 개의 구역으로 나뉜 작은 텃밭에 꽃 심기 체험을 하려고 합니다. 꽃은 보라색 라벤더와 흰색 꽃 두 가지가 있고, 한 구역에는 한 종류의 꽃만 심을 수 있다고 할 때, 꽃을 심을 수 있는 방법은 모두 몇 가지일까요?

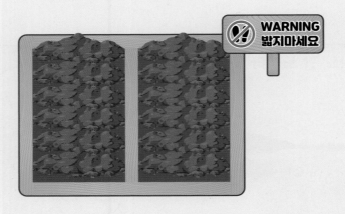

(설명) 경우의 수란? 어떤 일이 일어날 수 있는 경우의 가짓수를 말합니다.
예를 들어, 동전을 던졌을 때 나올 수 있는 경우의 수는 '앞면' 과 '뒷면'으로 두 가지입니다.
아래 〈풀이 방법 2〉와 같은 그림을 '나뭇가지 그림'이라고 부르며, 이 방법을 경우의 수를 구할 때 사용하면 편리합니다.

(정답)

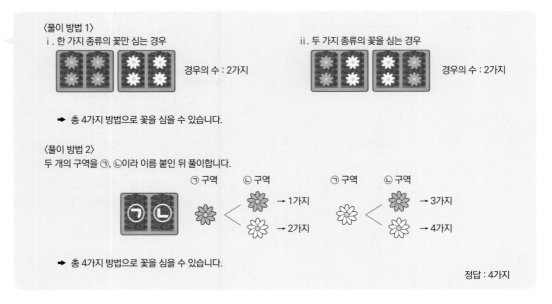

〈풀이 방법 1〉
i . 한 가지 종류의 꽃만 심는 경우   ii . 두 가지 종류의 꽃을 심는 경우

경우의 수 : 2가지   경우의 수 : 2가지

➜ 총 4가지 방법으로 꽃을 심을 수 있습니다.

〈풀이 방법 2〉
두 개의 구역을 ㉠, ㉡이라 이름 붙인 뒤 풀이합니다.

㉠ 구역   ㉡ 구역   ㉠ 구역   ㉡ 구역
                → 1가지   → 3가지
                → 2가지   → 4가지

➜ 총 4가지 방법으로 꽃을 심을 수 있습니다.

정답 : 4가지

2. 수 만들기

알알이는 50엔짜리 동전 6개와 100엔짜리 동전 2개를 가지고 있습니다. 알알이가 300엔의 물건을 살 수 있는 방법은 모두 몇 가지일까요?

<50엔>

<100엔>

① 한 종류의 동전만 사용하는 경우

50엔짜리 동전 6개를 사용해 300엔을 지불할 수 있습니다.
➡ 50 + 50 + 50 + 50 + 50 + 50 = 300엔

② 두 종류의 동전을 사용하는 경우

100엔짜리 동전 1개와 50엔짜리 동전 4개를 사용해 300엔을 지불할 수 있습니다.
➡ 100 + 50 + 50 + 50 + 50 = 300엔

100엔짜리 동전 2개와 50엔짜리 동전 2개를 사용해 300엔을 지불할 수 있습니다.
➡ 100 + 100 + 50 + 50 = 300엔

따라서 알알이는 총 3가지 방법으로 물건을 살 수 있습니다.

정답 : 3가지

1 단계 . 여러 가지 경우의 수

제이가 가진 티셔츠와 바지의 종류는 다음과 같습니다. 제이가 티셔츠와 바지를 입을 수 있는 방법은 모두 몇 가지인지 아래 그림을 연결시켜서 구하세요.

 풀이

다음과 같이 여섯 개의 선으로 연결시킬 수 있습니다. 따라서 제이가 옷을 입을 수 있는 방법은 모두 6가지입니다.

또한 이를 나뭇가지 그림으로 나타내면 다음과 같습니다.

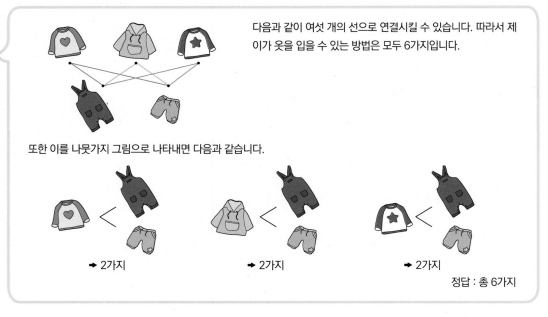

➡ 2가지   ➡ 2가지   ➡ 2가지

정답 : 총 6가지

빨간 구슬 세 개, 초록 구슬 두 개, 파란 구슬 한 개가 있습니다. 이 중 세 개의 구슬을 고르는 방법은 모두 몇 가지일까요 (단, 같은 색의 구슬은 서로 구분되지 않습니다.)

 집에서 서점까지 가는 길은 2가지이고 서점에서 학원까지 가는 길은 3가지입니다. 무우는 집에서 출발해 서점을 들른 후 학원에 가려고 합니다. 무우가 서점을 거쳐 학원까지 가는 방법은 모두 몇 가지일까요?

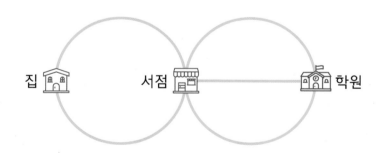

 제이는 네 가지 맛의 아이스크림 중에서 서로 다른 두 가지 맛을 고르려고 합니다. 제이가 아이스크림을 고르는 방법은 모두 몇 가지일까요?

2 단계 . 수 만들기

무우와 친구들은 10엔, 15엔, 25엔짜리 우표를 여러 장씩 구입했습니다. 이때, 총 60엔의 우표를 붙이는 방법은 모두 몇 가지일까요?

Step 1 한 종류의 우표만 사용하여 붙이는 방법은 몇 가지일까요?

Step 2 두 종류 이상의 우표를 사용하여 붙이는 방법은 몇 가지일까요?

Step 3 총 60엔의 우표를 붙이는 방법은 모두 몇 가지일까요?

Step 1 10엔, 15엔짜리 우표를 각각 사용할 수 있습니다.

① 15엔짜리 우표 4장을 붙이는 경우
➡ 15 + 15 + 15 + 15 = 60엔
② 10엔짜리 우표 6장을 붙이는 경우
➡ 10 + 10 + 10 + 10 + 10 + 10 = 60엔
한 종류의 우표만 붙이는 방법은 2가지입니다.

Step 2 두 종류 이상의 우표를 붙이는 방법은 표를 이용해 구합니다.

25엔	15엔	10엔	총 금액
2개	0개	1개	25 + 25 + 10 = 60엔
1개	1개	2개	25 + 15 + 10 + 10 = 60엔
0개	2개	3개	15 + 15 + 10 + 10 + 10 = 60엔

두 종류 이상의 우표를 붙이는 방법은 3가지입니다.

Step 3 총 60엔의 우표로 붙이는 방법은 모두 2 + 3 = 5가지입니다.

정답 : 2가지 / 3가지 / 5가지

5, 8, 10점을 얻을 수 있는 다트판에 2개의 다트를 던져 모두 맞혔을 때, 얻을 수 있는 점수는 모두 몇 가지일까요?

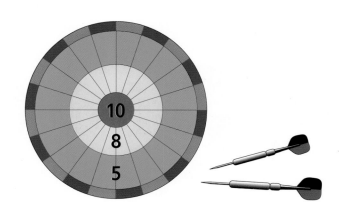

01 집에서 출발하여 학교까지 가는 방법을 아래 그림 위에 모두 그리세요. (단, 한 번 지난 지점은 다시 지나지 않습니다.)

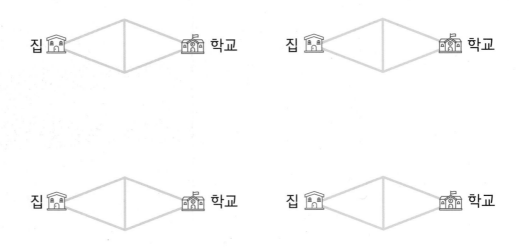

02 상상이는 10원짜리 동전 5개, 50원짜리 동전 2개, 100원짜리 동전 2개를 가지고 있습니다. 상상이가 250원짜리 지우개를 살 수 있는 방법은 모두 몇 가지일까요?

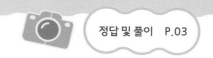

03 두 종류의 빵과 세 종류의 우유 중 빵 한 개와 우유 한 개를 고를 수 있는 방법은 모두 몇 가지일까요? 나뭇가지 그림을 완성시켜서 구하세요.

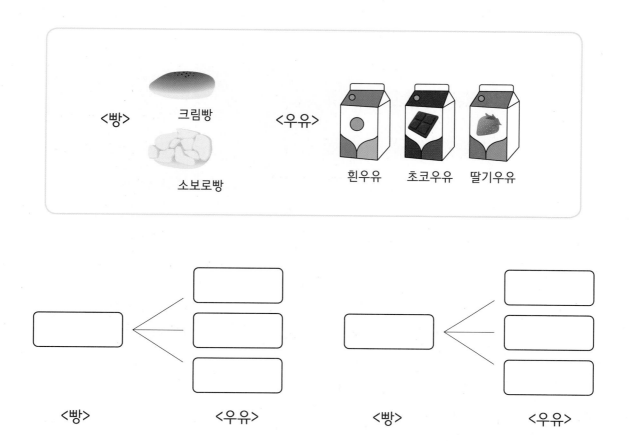

04 제이는 50원짜리 동전과 100원짜리 동전을 같은 개수만큼 가지고 있습니다. 제이가 가진 동전들의 총 금액이 900원이라고 할 때, 50원짜리 동전과 100원짜리 동전은 각각 몇 개일까요?

05 학교 복도에 세 개의 사물함이 놓여 있습니다. 이 중 무우, 상상, 알알이의 사물함을 각각 정하려고 합니다. 세 친구들의 사물함을 정하는 방법은 모두 몇 가지일까요?

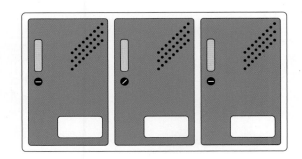

06 오늘은 반장 선거 날입니다. 반장 후보로 나온 세 명의 친구들 중 반장 한 명, 부반장 한 명을 뽑으려고 합니다. 반장과 부반장을 뽑는 방법은 모두 몇 가지일까요?

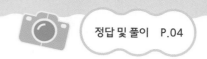

07 4장의 숫자카드 중 2장을 뽑아 두 자리 자연수를 만들려고 합니다. 만들 수 있는 두 자리 자연수는 모두 몇 개일까요?

08 무우의 동전 지갑에는 총 5개의 동전이 있으며 총 금액은 300원입니다. 이때, 무우의 동전 지갑에는 어떤 동전이 몇 개씩 있는지 각각의 종류와 개수를 구하세요. (동전의 종류에는 10원짜리, 50원짜리, 100원짜리, 500원짜리가 있습니다.)

09 두 개의 도형이 있습니다. 두 개의 도형을 빨간색, 노란색, 파란색 중 한 가지 색으로 칠하려고 합니다. 이때, 두 개의 도형을 칠할 수 있는 방법은 모두 몇 가지일까요?

10 빨간색 영역은 8점, 노란색 영역은 4점의 점수를 얻을 수 있는 다트판이 있습니다. 다트를 여러 번 던졌을 때, 얻을 수 있는 점수가 36점인 경우는 모두 몇 가지일까요?

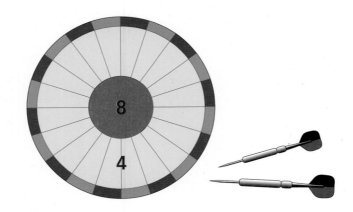

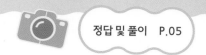

11 방송부에는 여학생 3명, 남학생 2명이 있습니다. 이 중 교내 방송을 진행할 교내 아나운서 두 명을 뽑는 방법은 모두 몇 가지일까요?

12 상상이네 집에서부터 학교까지의 경로를 나타낸 것입니다. 상상이네 집에서 출발하여 학교까지 갈 수 있는 가장 빠른 길을 모두 그리세요.

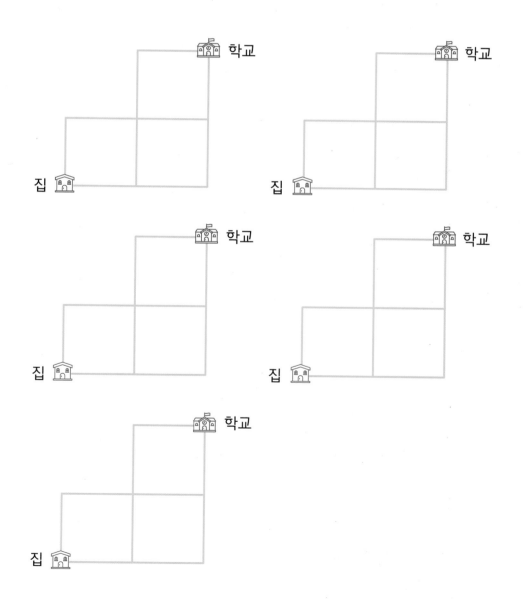

01 5장의 숫자카드 중 3장을 뽑아 세 자리 자연수를 만들려고 합니다. 이때, 만들 수 있는 세 자리 자연수 중 짝수의 개수는 모두 몇 개일까요?

02 박물관 입장료가 어른 1,500원, 청소년 1,200원, 어린이 800원입니다. 5명이 총 5,800원의 입장료를 내고 들어갔다면, 5명 중 어른, 청소년, 어린이는 각각 몇 명일까요?

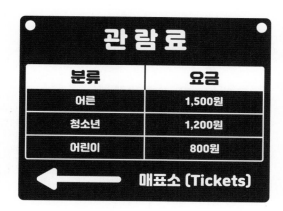

분류	요금
어른	1,500원
청소년	1,200원
어린이	800원

관람료

← 매표소 (Tickets)

03 네 개의 전구가 있습니다. 각 전구는 노란 불빛을 낼 수 있으며 불을 끌 수도 있습니다. 이 네 개의 전구를 조절해 여러 가지 신호를 만들려고 할 때, 만들 수 있는 신호는 모두 몇 가지일까요? (단, 각 전구의 위치는 고정되어 있으며 불이 모두 꺼진 경우는 신호로 보지 않습니다.)

04　알알이는 계단을 한 번에 한 계단 또는 두 계단씩 올라갈 수 있습니다. 이때, 알알 이가 다섯 개의 계단을 오르는 방법은 모두 몇 가지일까요?

01 왼쪽은 무우, 오른쪽은 제이가 가진 동전들입니다. 무우와 제이는 한 개씩 동전을 골라 서로 바꾸어 둘의 총 금액이 같아지도록 만들려고 합니다. 바꾸어야 하는 동전을 찾아 각각 ◯ 표시하세요.

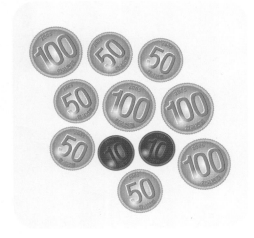

 <무우>

 <제이>

02

창의융합문제

무우는 서로 다른 맛의 막대사탕 세 개와 서로 색깔이 다른 곰돌이 모양의 젤리 세 개를 꺼냈습니다. 제이는 여섯 개의 간식 중 두 개의 간식을 고를 수 있습니다. 과연, 제이가 두 개의 간식을 고를 수 있는 방법은 모두 몇 가지일까요?

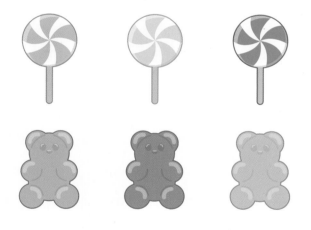

일본에서 첫째 날 모든 문제 끝~!
도쿄로 이동하는 무우와 친구들에게 어떤 일이 일어날까요?

토너먼트의 유래?

Tournament(토너먼트)란 중세 프랑스에서 기사들 사이에 성행하던 '투르누아'라는 마상시합에서 유래된 말입니다. 투르누아는 두 명의 기사가 양쪽에서 말을 타고 달려와 서로 맞닥뜨리는 순간 창을 이용해 상대방을 말에서 떨어뜨리면 승리하는 게임입니다. 말에서 떨어져 패한 사람은 바로 탈락하기 때문에, 오늘 날에는 시합을 치를 때마다 패자는 탈락해 나가고 승자는 올라가는 게임 방식을 일컫는 말로 사용합니다.

2. 리그와 토너먼트

일본
Japan

★ 삿포로

도쿄 ★

일본 둘째 날 DAY 2

일본에서 둘째 날, 도쿄에 도착했어요. 도쿄에 있는 <도쿄 타워>, <시부야 스크램블 교차로>, <디즈니랜드> 를 방문할 예정이에요. 자, 그럼 먼저 <도쿄 타워>에서 만난 수학 문제를 친구들과 함께 풀어볼까요?

1. 리그

무우, 상상, 알알, 제이는 서로 한 번씩 번갈아 가며 악수를 하려고 합니다.
총 몇 번의 악수를 하게 될까요?

설명

▶ 리그란 대회에 참가한 모든 팀이 각각 돌아가면서 한 차례씩 경기하여 성적에 따라 순위를
가리는 경기 방식을 말합니다.

① 모든 선수가 돌아가면서 한 차례씩 경기하게 되므로 리그전에서 치르게 되는 경기 횟수는 모
든 선수가 서로 한 번씩 악수하는 횟수와 같습니다.

② 모든 선수 또는 모든 팀을 서로 한 번씩 잇는 선을 그리고 그린 선의 개수를 세어 주면 경기
횟수를 구할 수 있습니다.

예

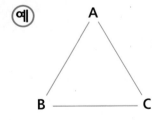

A, B, C 세 팀이 리그 방식으로 경기 했을 때 치르게 되는
경기 횟수 ➡ 3번

정답

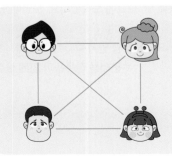

➡ 악수를 해야 하는 친구끼리 서로 선으로 이으면 다음과 같습니다. 악수를 하게 되는
횟수는 선의 개수와 같습니다.

정답 : 6번

2. 토너먼트

무우, 상상, 알알, 제이는 가위바위보를 해서 풍선을 받을 한 명의 친구를 정하려고 합니다. 토너먼트 방식으로 두 명씩 짝을 지어 경기하여 진 사람은 탈락하고 이긴 사람끼리 경기하려고 합니다. 친구들은 총 몇 번의 경기를 하게 될까요?

▶ 토너먼트란 대회에 참가한 팀을 두 팀씩 묶어서 경기하여 진 팀은 탈락하고 이긴 팀끼리 경기하여 계단식으로 올라가는 경기 방식을 말합니다.

① 토너먼트전에서의 경기 횟수는 토너먼트 그림을 이용하면 구할 수 있고 또는 식을 이용해 간단히 구할 수도 있습니다.

➡ (토너먼트전에서의 경기 횟수) = (팀의 수) − 1

예

```
          ┌──────2──────┐
     ┌──1──┐            │
     A     B            C
```

A, B, C 세 팀이 토너먼트 방식으로 경기했을 때 치르게 되는 경기 횟수 ➡ 2번

① 토너먼트 그림을 이용해 경기 횟수를 알아봅니다.

```
        ┌────────3────────┐
     ┌──1──┐          ┌──2──┐
     알알   무우        상상   제이
```

➡ 토너먼트 방식으로 경기를 한다면 총 3번의 경기를 하게 됩니다.

(팀의 수) − 1 = 경기 횟수 ➡ 4 − 1 = 3번

정답 : 3번

1 단계 . 리그

요요 대회 결승전에 올라온 다섯 명의 선수는 리그 방식으로 경기를 진행해 최종 우승자를 뽑으려고 합니다. 이때, 총 몇 번의 경기를 하게 될까요?

Step 1 결승전에 올라온 다섯 명의 선수를 각각 **A, B, C, D, E** 라 할 때, 각 선수들을 서로 한 번씩 잇는 선을 모두 그으세요.

A

B　　　　**E**

C　　**D**

Step 2　**Step 1** 에서 그린 그림을 이용해 총 몇 번의 경기를 하게 될지 구하세요.

Step 1   A부터 차례로 다른 선수와 서로 한 번씩 잇는 선을 그려 줍니다.

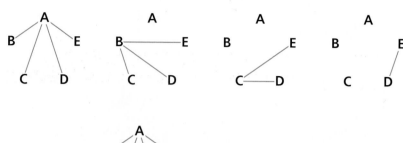

→ 완성된 그림

Step 2   **Step 1** 에서 그린 선의 개수는 총 4 + 3 + 2 + 1 = 10개입니다. 모든 선수들을 서로 한 번씩 잇는 선의 개수는 경기 횟수와 같습니다. 따라서 다섯 명의 선수가 리그 방식으로 경기 했을 때는 총 10번의 경기를 하게 됩니다.

정답 : 풀이 과정 참조 / 10번

확인하기 1

게임 대회의 모든 경기는 리그 방식으로 진행되며 총 6번의 경기가 치뤄졌습니다. 이 게임 대회에 참가한 선수는 모두 몇 명일까요?

확인하기 2

동아리에는 여학생 3명, 남학생 4명이 있습니다. 남학생과 여학생이 서로 번갈아 가며 악수를 한 번씩 하려고 합니다. 이때, 총 몇 번의 악수를 하게 될까요? (단, 여학생끼리 또는 남학생끼리는 악수하지 않습니다.)

2 단계 . 토너먼트

다섯 명이 토너먼트 방식으로 경기하는 방법은 여러 가지가 있습니다. 서로 다른 두 가지 방법으로 토너먼트 그림을 완성하고, 각각의 경우에 총 몇 번의 경기를 하게 되는지 구하세요.

A B C D E

<토너먼트 그림 1>

경기 횟수 :

A B C D E

<토너먼트 그림 2>

경기 횟수 :

Step 1 다음과 같이 여러 가지 방법으로 토너먼트 그림을 완성할 수 있습니다. 남은 한 명은 처음에 경기를 치르지 않습니다.

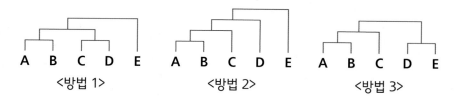

Step 2 각 경우마다 하게 되는 경기 횟수를 세어줍니다.

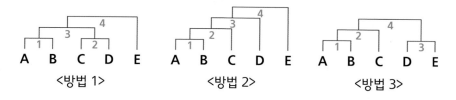

Step 3 어떤 방법으로 경기를 진행해도 경기 횟수는 항상 4번인 것을 알 수 있습니다.

정답 : 4번

〈결과표〉를 보고 토너먼트의 빈칸에 알맞은 팀를 적어 넣으세요.

〈결과표〉

경기	결과
A : C	C 승리
C : D	D 승리

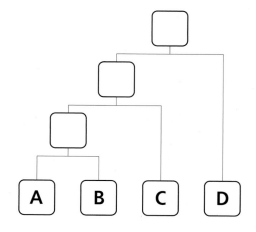

01 도내 야구 대회에는 10개의 팀이 참가했습니다. 대회의 모든 경기는 토너먼트 방식으로 진행되며 현재까지 3번의 경기가 치뤄졌습니다. 이때, 남은 경기는 총 몇 번일까요?

02 여섯 명이 서로 번갈아 가며 한 번씩 악수하려고 합니다. 아래 여섯 명을 서로 한 번씩 잇는 선을 긋고 총 몇 번의 악수를 하게 될지 구하세요.

A	F
B	E
C	D

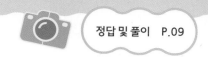

03 〈조건〉에 맞게 토너먼트의 빈칸에 팀명을 적으세요.

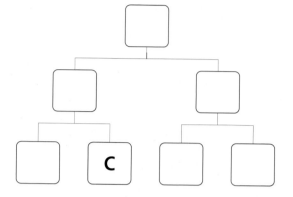

〈조건〉

(1) A, B, C, D 네 명이 경기합니다.

(2) 우승자는 D입니다.

(3) A는 C를 이겼습니다.

04 팔씨름 대회에 참가한 다섯 명의 선수가 모든 경기를 리그 방식으로 진행할 때와 토너먼트 방식으로 진행할 때 경기 횟수의 차이는 얼마일까요?

05 오늘은 게임 대회가 열리는 날입니다. 모든 경기는 토너먼트 방식으로 진행하며 총 6번의 경기가 치뤄집니다. 만약, 모든 경기가 토너먼트 방식이 아닌 리그 방식으로 진행된다면 총 몇 번의 경기가 치뤄지게 될까요?

06 숲 속 마을에는 네 마리의 동물들이 살고 있습니다. 동물들은 리그 방식으로 서로 한 번씩 대결해 가장 힘이 센 동물을 뽑으려고 합니다. 가장 먼저 모든 대결을 끝낸 너구리는 남은 경기에서 심판을 보려고 합니다. 이때, 너구리가 심판을 보게되는 경기는 모두 몇 번일까요?

07 다음 주에는 도내 축구 대회가 열립니다. 이 대회는 각 학교별로 한 팀씩만 참가할 수 있어 학교를 대표하는 한 팀을 선정해야 합니다. A 학교는 5개 팀 중 한 팀을 선정하기 위해 리그 방식으로 선발전을 진행했습니다. B 학교는 토너먼트 방식으로 대표 선발전을 진행했는데 경기 횟수가 A 학교와 같았습니다. 이때, B 학교에서는 모두 몇 팀이 대표 선발전에 참가했을까요?

08 교내 농구 대회에 작년에는 16개 팀이 참가했고, 올해에는 학생 수가 줄어 작년의 절반만큼의 팀이 참가했습니다. 작년에는 모든 경기를 토너먼트 방식으로 진행했는데 올해에는 모든 경기를 리그 방식으로 진행하려고 합니다. 이때, 올해에는 작년에 비해 몇 번의 경기를 더 하게 될까요?

09 오늘 열리는 씨름 대회에는 12명의 선수들이 참가했습니다. 이 대회는 4명의 선수가 남을 때까지 토너먼트 방식으로 경기를 진행하고, 4명의 선수가 남으면 리그 방식으로 경기를 진행하여 우승자를 선발한다고 합니다. 이때, 이 씨름 대회에서는 총 몇 번의 경기를 하게 될까요?

10 오늘은 태권도 시합이 있는 날입니다. 시합을 리그 방식으로 진행할 때와 토너먼트 방식으로 진행할 때 경기 횟수의 차이는 6회라고 합니다. 이때, 시합에 참가한 선수는 모두 몇 명일까요?

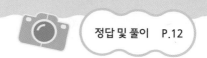
11 한 모임에 참여한 세 쌍의 부부는 모두 번갈아 가며 한 번씩 악수를 하려고 합니다. 자신의 남편 또는 부인과는 악수를 하지 않는다고 할 때, 총 몇 번의 악수를 하게 될까요?

12 <조건>에 맞게 토너먼트의 빈칸에 팀명을 적으세요.

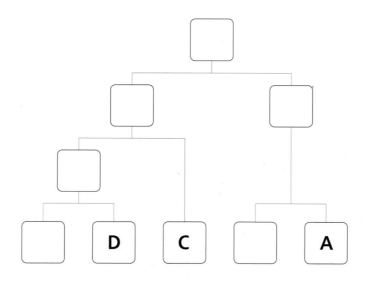

01 올해 열리는 축구 대회에는 총 16개의 팀이 참가하며, 경기는 리그와 토너먼트 방식을 결합하여 치러집니다. 아래 조건을 참고하여 총 몇 번의 경기가 치러질지 구하세요.

<조건>

(1) 16개의 팀은 한 조에 네 팀씩 4개 조로 나뉘어 리그 방식으로 경기합니다.

(2) 각 조의 1등과 2등은 본선에 진출합니다.

(3) 본선에 진출한 모든 팀은 두 팀씩 짝을 지어 토너먼트 방식으로 경기합니다.

(4) 추가로 3, 4위 결정전을 합니다.

02 오늘은 수학 동아리의 첫 모임 날입니다. 수학 동아리에는 여학생이 4명, 남학생이 5명 있습니다. 첫 모임을 기념해 여학생은 여학생끼리, 남학생은 남학생끼리 서로 번갈아 가며 한 번씩 포옹하고, 여학생과 남학생끼리는 한 번씩 악수하려고 합니다. 이때, 동아리 학생들이 악수한 횟수와 포옹한 횟수의 차이는 몇 번일까요?

03 오늘은 게임 대회가 열리는 날입니다. 대회에는 여섯 명의 선수가 참가하였고, 모든 경기는 토너먼트 방식으로 치뤄집니다. 경기는 한 번에 한 경기만 치뤄지며 한 경기의 소요 시간은 3분, 경기 사이 준비 시간은 1분입니다. 이때, 여섯 명의 선수가 모두 경기를 치루는데 소요되는 시간은 총 몇 분일까요?

04 <조건>에 맞게 토너먼트의 빈칸에 팀명을 적으세요.

<조건>

(1) A, B, C, D, E, F 여섯 명이 경기합니다.

(2) A와 F는 경기를 한 번씩 했습니다.

(3) C는 E와 B를 이겼습니다.

(4) D는 A를 이겼으며 우승자입니다.

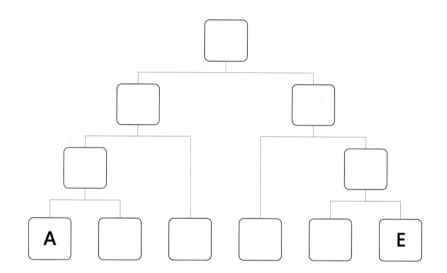

01 내일은 무우네 반 소풍 날입니다. 레크레이션 부장인 무우는 내일 소풍에서 풍선 터뜨리기 게임을 진행하려고 합니다. 이 게임에서의 규칙은 아래와 같습니다. 무우네 반 친구들은 여학생이 5명, 남학생이 7명이라고 할 때, 내일 무우는 각 색깔별 풍선을 몇 개씩 준비해야 할까요?

<규칙>

(1) 모든 학생이 두 명씩 번갈아 가며 짝을 지어 한 개의 풍선을 터뜨립니다.

(2) 여학생끼리는 하얀색 풍선을 터뜨립니다.

(3) 남학생끼리는 노란색 풍선을 터뜨립니다.

(4) 남학생과 여학생은 빨간색 풍선을 터뜨립니다.

02

창의융합문제

표는 네 명의 선수가 리그 방식으로 경기를 하여 나온 결과입니다. 빈칸에 들어갈 알맞은 숫자는 각각 무엇일까요? (단, 무승부는 없습니다.)

	승리	패배
A	1승	2패
B	2승	
C		1패
D		

일본에서 둘째 날 모든 문제 끝!
오사카로 이동하는 무우와 친구들에게 어떤 일이 일어날까요?

블럭을 정리하기 !

상상이는 동생이 어지럽혀 놓은 9개의 블럭 조각을 3개씩 분류하여 통에 정리하려고 합니다. 서로 다른 두 개의 방법으로 통에 블럭 조각을 그려보세요.

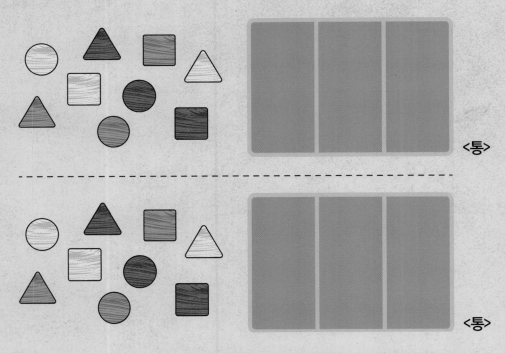

➜ 잘 안되면 본 내용을 공부한 후 그려보세요.

3. 분류하기

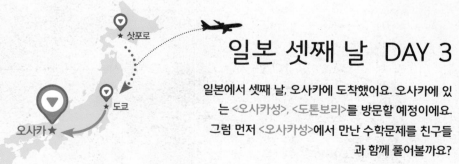

일본 셋째 날 DAY 3

일본에서 셋째 날, 오사카에 도착했어요. 오사카에 있는 <오사카성>, <도톤보리>를 방문할 예정이에요. 그럼 먼저 <오사카성>에서 만난 수학문제를 친구들과 함께 풀어볼까요?

1. 기준에 따라 분류하기

배를 타기 위해 모인 8명의 사람들은 키 순서로 나누어 줄을 서려고 합니다. 키가 150cm이거나 그보다 큰 사람들은 오른쪽에, 키가 150cm보다 작은 사람들은 왼쪽에 줄을 선다고 할 때, 각 줄에는 몇 명의 사람들이 서게 될까요?

여자1 : 156cm   상상 : 150cm   제이 : 130cm   여자2 : 148cm

남자1 : 160cm   무우 : 152cm   알알 : 145cm   남자2 : 165cm

선착장
싸아 ~

왼쪽 줄   오른쪽 줄

 설명

▶ 분류하기란?

여러 가지 사람 또는 사물의 같은 점을 찾아 기준을 정해 나누는 것을 말합니다.

문제 무우는 네 개의 사탕을 상상이와 두 개씩 나누어 먹으려고 합니다. 서로 다른 두 가지 방법으로 네 개의 사탕을 두 개씩 나누세요.

풀이 ① 색깔별로 분류하기   ② 모양별로 분류하기

단, '맛있는', '맛없는' 사탕 또는 '예쁜', '안 예쁜' 사탕과 같이 나의 의견이 들어간 것은 분류하는 기준이 될 수 없습니다.

 정답

① 왼쪽 줄 (키가 150cm보다 작은 사람) ➡ 3명
　알알(145cm), 제이(130cm), 여자2(148cm)

② 오른쪽 줄 (키가 150cm이거나 그보다 큰 사람) ➡ 5명
　무우(152cm), 상상(150cm), 여자1(156cm), 남자1(160cm), 남자2(165cm)

정답 : 왼쪽 줄-3명, 오른쪽 줄-5명

두 그림의 같은 점과 다른 점을 두 가지씩 찾아 적으세요.

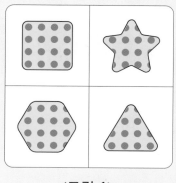

<그림 1>

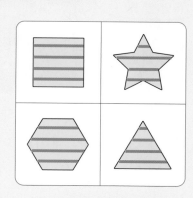

<그림 2>

 설명

① 여러 사람들 또는 사물의 같은 점을 '공통점' 이라고 합니다.

② 여러 사람들 또는 사물의 서로 다른 점을 '차이점' 이라고 합니다.

 정답

〈같은 점〉_공통점

① 두 그림 모두 네 칸에 네 개의 도형이 그려져 있습니다.

② 두 그림 모두 각 도형이 노란색으로 칠해져 있습니다.

③ 두 그림의 각 칸마다 도형들의 볼록한 부분의 개수가 같습니다.

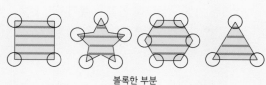

볼록한 부분

〈다른 점〉_차이점

① 왼쪽 그림에는 둥근 부분이 있고, 오른쪽 그림에는 뾰족한 부분이 있습니다.

② 왼쪽 그림은 물방울 무늬이고, 오른쪽 그림은 가로 줄 무늬입니다.

1 단계 . 기준에 따라 분류하기

기념품 가게에는 '미미'라고 불리는 인형들과 '쥬쥬'라고 불리는 인형들이 있습니다. 제이가 어지럽힌 인형들을 '미미'와 '쥬쥬'로 분류해 선을 이어 보세요.

쥬쥬

미미

기린 인형   돌고래 인형   불가사리 인형   돼지 인형   문어 인형   강아지 인형

쥬쥬   미미

'쥬쥬' 인형은 육지에 사는 동물 모양의 인형들을 부르는 이름입니다.

'미미' 인형은 바다에 사는 동물 모양의 인형들을 부르는 이름입니다.

어지럽혀져 있는 인형들 중 육지에 사는 동물은 강아지, 기린, 돼지 인형이고 바다에 사는 동물은 돌고래, 불가사리, 문어 인형입니다.

따라서 쥬쥬로 이은 선은 강아지 , 기린 , 돼지 인형이고,

미미로 이은 선은 돌고래 , 불가사리 ⭐, 문어 🐙 인형입니다.

9개의 도형이 있습니다. 서로 다른 두 가지 기준을 이용해 8개의 도형을 두 종류로 나누어 그려 보세요.

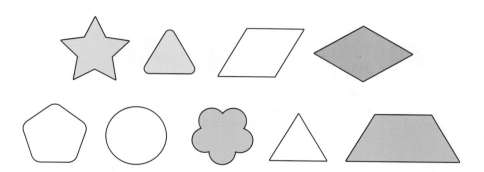

(1)

기준	도형

(2)

기준	도형

3 대표문제

2 단계 . 같은 점과 다른 점

무우가 꺼낸 두 장의 그림에는 각각 세 개의 국기들이 그려져 있었습니다. 그림(ㄱ)과 그림(ㄴ)의 공통점 한 가지와 차이점 두 가지를 이야기하세요.

그림(ㄱ)

그림(ㄴ)

① 그림(ㄱ)과 그림(ㄴ)의 공통점과 차이점을 찾기 위해 각 그림의 세 개의 국기가 모두 가지고 있는 공통점을 찾아줍니다. 국기가 가질 수 있는 특징은 색깔, 모양 등이 있습니다.

ⅰ. 그림(ㄱ)

(1) 세 개의 국기에 모두 흰색과 빨간색이 사용되었습니다.

(2) 둥근 부분이 있습니다.

ⅱ. 그림(ㄴ)

(1) 세 개의 국기에 모두 흰색이 사용되었습니다.

(2) 세 개의 국기가 모두 같은 간격의 세 칸으로 나뉘어 있습니다.

(3) 세 개의 각 국기는 세 가지 색으로 이루어져 있습니다.

② 아래와 같이 그림(ㄱ)과 그림(ㄴ)의 공통점과 차이점을 이야기할 수 있습니다.

〈공통점〉

(1) 흰색이 사용되었습니다.

〈차이점〉

(1) 둥근 부분이 있고 없습니다.

(2) 같은 간격의 세 칸으로 나뉘어 있고 그렇지 않습니다.

(3) 사용된 색깔이 두 가지이고 세 가지입니다.

왼쪽과 오른쪽 도형들의 관계를 나타낸 것입니다. 이와 같이 빈칸에 알맞은 그림을 그려 넣으세요.

(1)

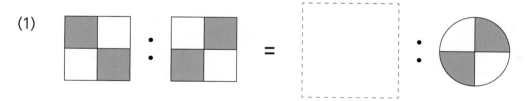

(2)

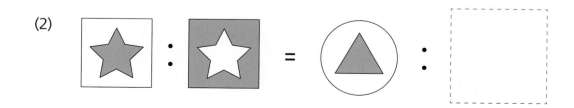

01 8개의 도형을 두 종류로 나누는 방법은 여러 가지가 있습니다. 예를 들어, 색칠된 도형과 색칠되지 않은 도형을 기준으로 정한다면 8개의 도형을 네 개씩 나눌 수 있습니다. 이외에 다른 기준을 생각해 보고 8개의 도형을 두 종류로 그려 보세요.

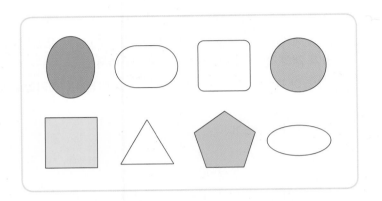

기준	도형

02 세 장의 그림 카드를 보고 알맞은 말에 ○ 표시하세요.

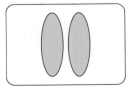 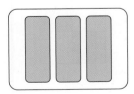 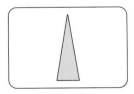

(1) 각 그림 카드의 도형의 모양이 서로 (같습니다, 다릅니다).

(2) 각 그림 카드의 도형의 개수가 서로 (같습니다, 다릅니다).

(3) 각 그림 카드의 도형의 색깔이 서로 (같습니다, 다릅니다).

03 여섯 가지 그림을 서로 다른 두 가지 기준을 이용해 세 개씩 두 종류로 나누세요.

개구리	포도
강아지	딸기
수박	악어

(1)

기준	이름

(2)

기준	이름

04 왼쪽 두 도형의 관계를 보고 빈칸에 알맞은 그림을 그려 넣으세요.

(1)

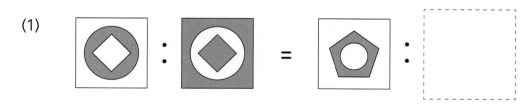

05 과일을 분류하였습니다. 알맞은 분류 기준을 찾아 ○ 표시하세요.

토마토
딸기
사과

귤
오렌지
감

바나나
참외
레몬

포도
블루베리
거봉

모양　크기　색깔　맛

06 아래 그림이 뿌뿌인지 아닌지 이야기하세요.

뿌뿌가 아닙니다.　뿌뿌입니다.　뿌뿌입니다.

뿌뿌입니다.　뿌뿌가 아닙니다.　뿌뿌가 아닙니다.

07 다섯 장의 카드 중 혼자만 다른 특징을 가진 한 장의 카드를 찾아 ◯ 표시해 보고 그 특징이 무엇인지 이야기하세요.

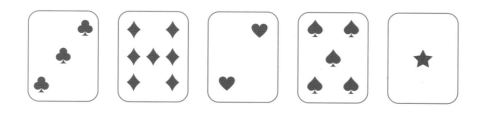

08 같은 특징을 가진 도형들끼리 묶어 놓은 것입니다. 가운데 파란색으로 색칠된 부분에는 왼쪽 묶음과 오른쪽 묶음의 특징을 동시에 가지는 도형들이 위치합니다. 파란색 부분에 올 수 있는 도형은 무엇일까요?

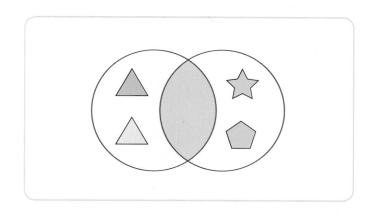

09 네 개의 계산식을 아래와 같이 분류하려고 할 때, 각 빈칸에 알맞은 식의 기호를 적으세요.

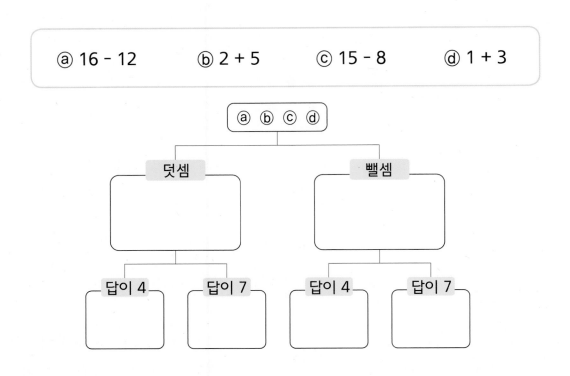

10 <보기>와 같은 특징을 가지는 물건은 무엇일까요?

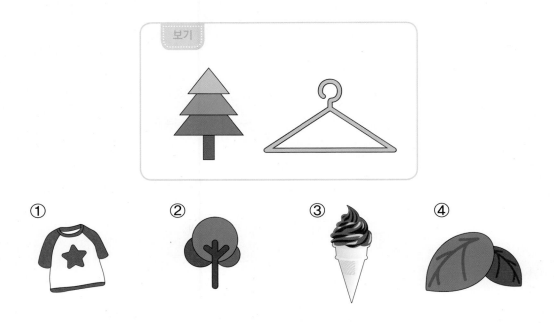

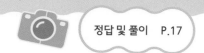
11 여러 개의 도형을 두 종류로 나누어 놓았습니다. 알맞은 분류 기준은 무엇일까요?

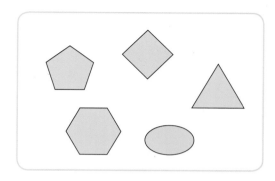
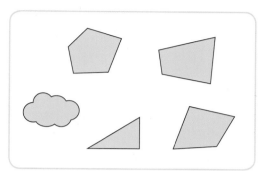

12 이동 수단들을 남는 것 없이 두 종류로 나눌 수 있는 기준으로 알맞은 것은 무엇일까요?

① 도로를 달리는 것과 하늘을 나는 것

② 바퀴가 두 개인 것과 두 개보다 많은 것

③ 모터가 있는 것과 모터가 없는 것

④ 물 위를 떠 다니는 것과 하늘을 나는 것

심화문제

01 모양, 색깔, 개수, 무늬의 네 가지 속성을 가지는 여러 장의 카드가 있습니다. 아래를 참고하여 어떤 카드가 있으면 '합'이 될지 찾으세요.

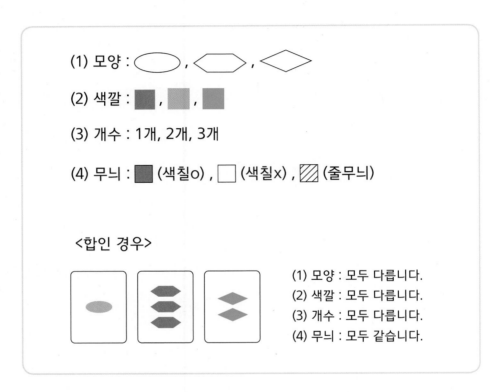

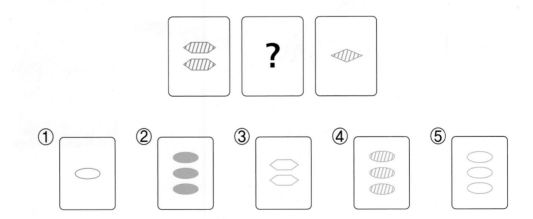

02 아래를 참고하여 두 개의 글자는 '무무'인지 아닌지 알맞은 것에 ○ 표시하세요.

맹
무무입니다.

문
무무가 아닙니다.

왜
무무가 아닙니다.

양
무무입니다.

침
무무가 아닙니다.

공
무무입니다.

(1) **온** ➡ (무무입니다, 무무가 아닙니다.)

(2) **상** ➡ (무무입니다, 무무가 아닙니다.)

03 같은 특징을 가진 도형들끼리 묶어 놓으려고 합니다. 그림의 각 A, B, C에는 어떤 도형들이 올지 알맞은 도형을 그려 보세요.

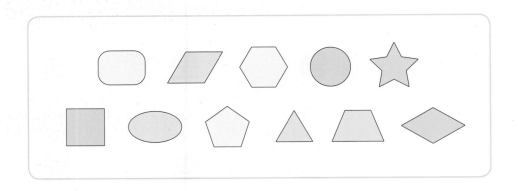

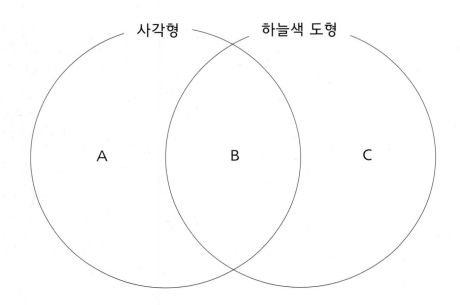

04

일정한 규칙에 따라 도형을 배열했습니다. 나머지 빈칸에는 어떤 도형들이 올지 알맞은 도형의 기호를 적으세요.

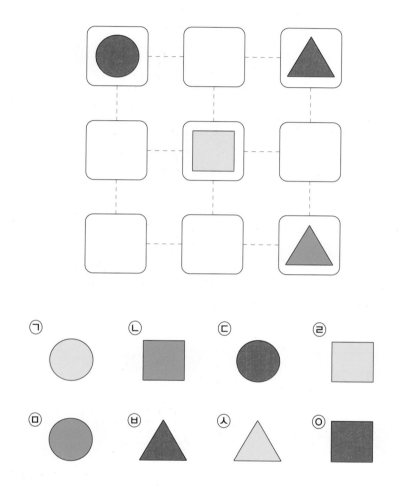

창의적문제해결수학

01 10개의 수를 ㉠ 기준에 따라 두 종류로 나누고, 그 다음 ㉡ 기준에 따라 각각 두 종류씩으로 나누었습니다. ㉠ 기준과 ㉡ 기준으로 알맞은 특징과 ⓐ와 ⓑ에 들어갈 알맞은 수들을 적으세요.

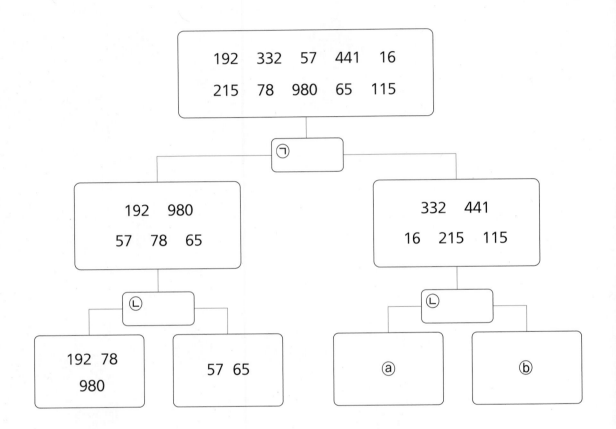

(1) ㉠ 기준 : _____

(2) ㉡ 기준 : _____

(3) ⓐ 에 들어갈 수 : _____

(4) ⓑ 에 들어갈 수 : _____

02
창의융합문제

무우와 친구들은 상인을 도와 떨어진 구슬들을 정리하려고 합니다. 아래와 같이 이미 정리되어 있는 구슬들을 보고 똑같이 정리하면 된다고 할 때, 각 바구니에 알맞은 구슬을 선으로 이어보세요.

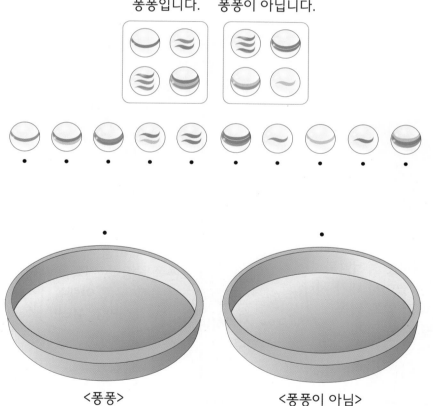

일본에서 셋째 날 모든 문제 끝!
후쿠오카로 이동하는 무우와 친구들에게 어떤 일이 일어날까요?

동서남북 ?

4. 그림 그려 해결하기

일본 넷째 날 DAY 4

일본에서 넷째 날, 후쿠오카에 도착했어요. 후쿠오카에 있는 <모모치 해변>, <후쿠오카 타워>를 방문할 예정이에요. 자, <모모치 해변>에서 어떤 문제를 만나게 될까요?

1. 줄 서기

무우, 상상, 알알, 제이는 한 줄로 서서 사진을 찍으려고 합니다. 상상이는 왼쪽에서 두 번째에, 알알이는 상상이의 왼쪽에, 무우는 맨 끝에 선다고 할 때, 제이는 오른쪽에서 몇 번째에 서게 될까요?

설명 줄 서기 문제에서는 '방향'과 '몇 번째'인지에 유의합니다.

① 뒷쪽 ← 왼쪽 **?** 오른쪽 → 앞쪽

② 3번째 2번째 1번째 ← 오른쪽
왼쪽 → 1번째 2번째 3번째

정답

① 먼저 상상이와 알알이의 위치를 정할 수 있습니다.

왼쪽 (알알)(상상)( )( ) 오른쪽
→ 1번째 2번째

② 맨 끝은 맨 왼쪽 끝과 맨 오른쪽 끝 두 군데가 있습니다. 맨 왼쪽에는 알알이가 이미 서 있으므로 무우는 맨 오른쪽 끝에 서게 되는 것을 알 수 있습니다.

왼쪽 (알알)(상상)( )(무우) 오른쪽

③ 제이는 남은 한 자리인 왼쪽에서 세 번째, 또는 오른쪽에서 두 번째에 서게 됩니다.

왼쪽 (알알)(상상)(제이)(무우) 오른쪽
2번째 1번째

정답 : 오른쪽에서 2번째

2. 그림으로 위치 찾기

설명을 참고하여 제이가 토끼 인형을 받기 위해선 어떤 공을 맞춰야 하는지 알맞은 공에 ○ 표시하세요.

<토끼인형을 받을 수 있는 공의 위치>
(1) 이 공의 오른쪽에는 공이 1개 있습니다.
(2) 이 공의 아래에는 공이 2개 있습니다.

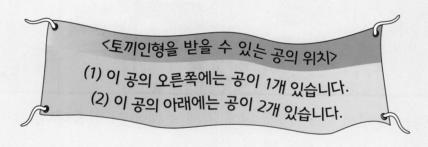

 정답

① 이 공의 오른쪽에는 공이 1개 있습니다
　➡ 공은 오른쪽에서부터 두 번째 줄에 위치합니다.

② 이 공의 아래에는 공이 2개 있습니다.
　➡ 공은 아래에서부터 세 번째 줄에 위치합니다.

③ 따라서 제이가 맞춰야 하는 공은 오른쪽에서부터 첫 번째,
　아래에서부터 세 번째 줄에 위치한 야구공입니다.

1 단계 . 줄 서기

제이는 앞에서 다섯 번째, 뒤에서 세 번째에 서 있습니다. 현재 줄을 서고 있는 사람은 모두 몇 명일까요?

Step 1   제이의 앞에는 몇 명의 사람들이 있을까요?

Step 2   제이의 뒤에는 몇 명의 사람들이 있을까요?

Step 3   현재 줄을 서고 있는 사람은 모두 몇 명일까요?

Step 1 제이는 앞에서 다섯 번째에 서있다고 했으므로 제이의 앞에는 네 명의 사람들이 서 있습니다.

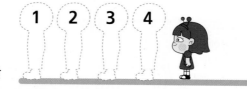

앞   뒤

Step 2 제이는 뒤에서 세 번째에 서있다고 했으므로 제이의 뒤에는 두 명의 사람들이 서 있습니다.

앞   뒤

Step 3 현재 줄에는 제이의 앞에 네 명, 제이의 뒤에 두 명의 사람들이 서 있으므로 제이를 포함해 4 + 1 + 2 = 7명의 사람들이 서 있습니다.

정답 : 4명 / 2명 / 7명

내용을 보고 달리기 시합에 참가한 선수는 모두 몇 명인지 구하세요.

(1) B는 세 번째로 달리고 있습니다.

(2) C는 B의 바로 뒤에서 달리고 있으며 뒤에서 두 번째 순서입니다.

2 단계 . 그림으로 위치 찾기

지도에는 후쿠오카 타워, 빵집, 숙소, 편의점 네 개의 건물이 있습니다. 지도 상에서 편의점은 타워의 동쪽에, 빵집은 숙소의 서쪽에 위치한다고 할 때, 편의점에서 숙소로 가려면 어느쪽 방향으로 이동해야 할까요?

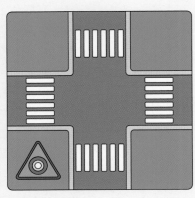

후쿠오카 타워

Step 1   지도 위에 편의점의 위치를 표시하세요.

Step 2   지도 위에 빵집과 숙소의 위치를 표시하세요.

Step 3   편의점에서 숙소로 가려면 어느쪽 방향으로 이동해야 할까요

Step 1 지도 상에서 타워의 동쪽은 타워의 오른쪽을 말합니다.

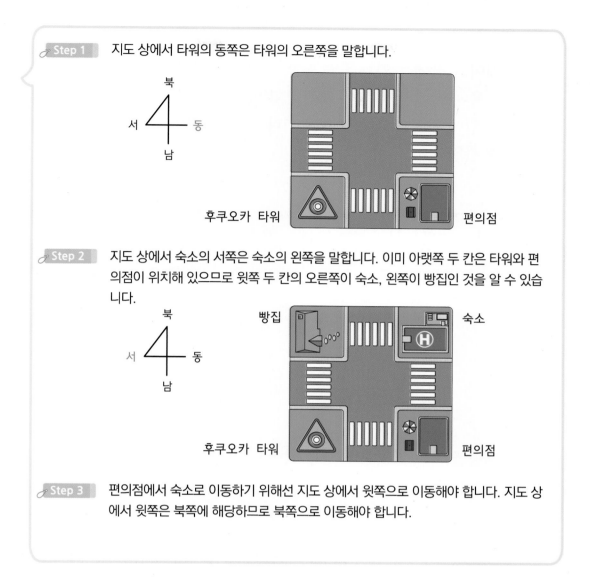

Step 2 지도 상에서 숙소의 서쪽은 숙소의 왼쪽을 말합니다. 이미 아랫쪽 두 칸은 타워와 편의점이 위치해 있으므로 윗쪽 두 칸의 오른쪽이 숙소, 왼쪽이 빵집인 것을 알 수 있습니다.

Step 3 편의점에서 숙소로 이동하기 위해선 지도 상에서 윗쪽으로 이동해야 합니다. 지도 상에서 윗쪽은 북쪽에 해당하므로 북쪽으로 이동해야 합니다.

무우와 친구들은 숙소에 도착했습니다. 이 숙소는 3층으로 이루어져 있으며 한 층씩 올라갈수록 방의 개수가 한 개씩 줄어듭니다. 무우와 친구들은 2층의 가장 끝에 위치한 여섯 번째 방에 묵게 되었다고 할 때, 이 숙소에는 총 몇 개의 방이 있을까요?

3층
_____

2층
_____

1층
_____

01 제이의 방에는 인형을 보관할 수 있는 6개의 상자가 있습니다. 토끼 인형은 오른쪽에서 네 번째 칸에 보관하고 있으며, 펭귄 인형은 토끼 인형의 오른쪽 두 번째 칸에 보관하고 있다고 합니다. 펭귄 인형이 들어있는 상자는 왼쪽에서 몇 번째 칸일까요?

02 내용을 보고 알맞은 도형을 찾아 ○ 표시하세요.

(1) 이 도형은 하늘색 도형의 옆에 위치합니다.

(2) 이 도형의 아래에는 한 개의 도형이 있습니다.

(3) 이 도형의 왼쪽에는 두 개의 도형이 있습니다.

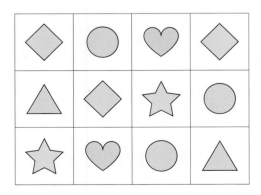

03　반 친구들은 급식을 받기 위해 한 줄로 섰습니다. 내용을 보고 줄을 선 학생은 모두 몇 명인지 구하세요.

> (1) A의 앞에는 두 명의 친구가 서 있습니다.
>
> (2) B는 A의 바로 뒤에 서 있으며, B의 뒤에는 6명의 친구가 서 있습니다.

04　무우, 상상, 알알, 제이는 저녁을 먹기 위해 식탁에 마주보고 둘러 앉았습니다. 내용을 보고 각 자리에 알맞은 친구의 이름을 적으세요.

> (1) 무우와 상상이는 서로 맞은편에 앉았습니다.
>
> (2) 제이는 무우의 오른쪽에 앉았습니다.

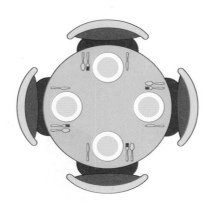

05 무우, 상상, 알알, 제이는 각자의 사물함을 정하려고 합니다. 내용을 보고 각 사물함에 알맞은 친구의 이름을 적으세요.

> (1) 무우의 사물함 아래에는 상상이의 사물함이 있습니다.
> (2) 알알이의 사물함은 무우의 사물함 왼쪽에 있습니다.

06 무우와 친구들은 놀이기구를 타기 위해 줄을 섰습니다. 무우는 앞에서 다섯 번째에 서 있고, 상상이의 뒤에는 일곱 명의 사람이 서 있습니다. 무우와 상상이 사이에는 알알이와 제이 둘만 서있다고 할 때, 줄을 선 사람들은 모두 몇 명일까요?

무우   상상

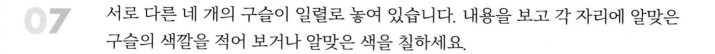

07 서로 다른 네 개의 구슬이 일렬로 놓여 있습니다. 내용을 보고 각 자리에 알맞은 구슬의 색깔을 적어 보거나 알맞은 색을 칠하세요.

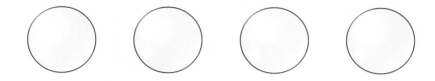

(1) 빨간색 구슬의 양 옆에는 노란색과 파란색 구슬이 있습니다.

(2) 초록색 구슬은 파란색 구슬의 바로 왼쪽에 있습니다.

08 사각형 모양의 둘레길에 나무를 심으려고 합니다. 꼭짓점 위치에는 반드시 나무를 심고, 각 줄마다 나무가 네 그루씩 있도록 할 때, 총 몇 그루의 나무를 심어야 할까요?

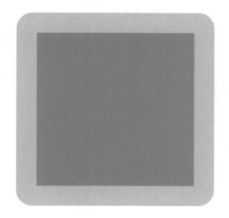

09 지도에는 세탁소, 문구점, 도서관, 편의점 네 개의 건물이 있습니다. 내용을 보고 각 위치에 알맞은 건물의 이름을 써 넣으세요.

> (1) 세탁소의 동쪽에는 도서관이 있습니다.
>
> (2) 문구점의 남쪽에는 세탁소가 있습니다.

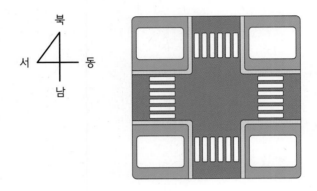

10 무우네 반 친구들은 선생님을 바라보며 세 줄로 섰습니다. 각 줄에 있는 친구들의 인원수는 모두 같고, 가운데 줄 네 번째로 선 무우의 뒤에는 두 명의 친구가 서 있습니다. 무우네 반 친구들은 모두 몇 명일까요?

11 무우, 상상, 제이는 모두 같은 아파트 다른 층에 살고 있습니다. 심부름을 받고 집에서 출발한 제이는 맨 윗층에 살고 있는 무우네 집에 가기 위해 두 층을 올라갔고, 무우네 집에서 다섯 층을 내려가 3층에 살고 있는 상상이네로 갔습니다. 제이의 집은 몇 층일까요?

12 체육대회에서 이어달리기에 참가한 모든 친구들은 순서를 정하기 위해 키가 큰 순서대로 줄을 섰습니다. 무우의 뒤에는 7명, 상상이의 앞에는 4명, 무우와 상상이 사이에는 2명의 친구들이 줄을 서 있습니다. 이어달리기에 참가한 학생들의 총 인원수는 10명보다 적다고 할 때, 줄을 선 학생들은 모두 몇 명일까요?

01 배가 고팠던 무우, 상상, 알알, 제이는 가방에 있던 사탕을 나누어 먹었습니다.
내용을 보고 상상이는 제이보다 몇 개의 사탕을 더 먹었는지 구하세요.

> (1) 알알이는 제이보다 두 개의 사탕을 더 먹었습니다.
>
> (2) 상상이는 무우보다 한 개의 사탕을 더 먹었습니다.
>
> (3) 무우와 알알이가 먹은 사탕의 개수는 같습니다.

02 오늘은 무우네 반이 자리를 바꾸는 날입니다. 무우네 반 교실에는 각 줄마다 같은 개수의 책상이 놓여 있습니다. 무우는 앞에서 첫 번째, 창가쪽에서 세 번째 자리에 앉게 되었고, 상상이는 복도쪽에서 두 번째, 뒤에서 세 번째 자리에 앉게 되었습니다. 상상이의 바로 앞자리에 무우가 있다고 할 때, 무우네 반에 놓여 있는 책상은 모두 몇 개일까요?

교탁

창가쪽 ● ● ● 책상 ● ● ● 복도쪽

●

●

●

03 어떤 공을 높은 곳에서 떨어뜨리면 그 높이의 절반만큼 다시 튀어오른다고 합니다. 이 공을 16m 높이에서 떨어뜨렸을 때, 공이 세 번째로 땅에 닿을 때까지 움직인 거리는 총 몇 m일까요?

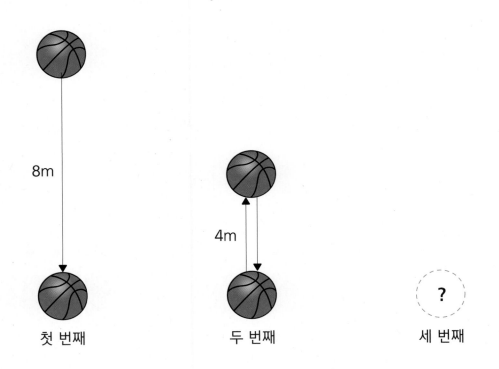

8m		4m		?
첫 번째		두 번째		세 번째

04 내용을 보고 각 위치에 알맞은 건물의 이름을 써 넣으세요.

> (1) 백화점에서 남쪽으로 길을 건너면 주유소가 있습니다.
>
> (2) 마트에서 동쪽으로 길을 건너면 카페가 있습니다.
>
> (3) 백화점에서 한 번만 길을 건너면 마트를 갈 수 있습니다.
>
> (4) 편의점에서 한 번만 길을 건너면 빵집 또는 카페를 갈 수 있습니다.

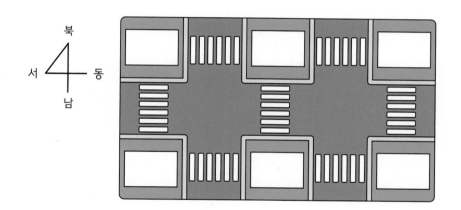

01 무우와 친구들은 이상한 나라에 도착했습니다. 이상한 나라에서는 왼쪽과 오른쪽, 위와 아래를 서로 반대로 이야기합니다. 이상한 나라에 사는 동물들의 대화를 적어 놓은 것입니다. 어떤 집에 어떤 동물이 살고 있을지 각 창문 위에 알맞은 동물의 이름을 적으세요.

다람쥐 : 토끼의 집은 강아지 집의 바로 오른쪽에 있어!

강아지 : 우리 집의 윗층에는 고양이가 살아!

02
창의융합문제

가위바위보 결과 제이가 승리했습니다. 상상이와 알알이가 먹은 초콜릿의 개수는 같고, 제이는 그 보다 두 개 더 많은 초콜릿을 먹었습니다. 상상, 알알, 제이가 먹은 초콜릿 개수의 합이 총 14개일 때, 상상, 알알, 제이가 먹은 초콜릿의 개수는 각각 몇 개일까요?

일본에서 넷째 날 모든 문제 끝!
오키나와로 이동하는 무우와 친구들에게 어떤 일이 일어날까요?

자료를 정리하는 방법?

무우와 제이는 선생님의 심부름을 받고 무우는 남학생, 제이는 여학생이 좋아하는 색깔을 서로의 방식대로 조사했습니다. 어떤 색깔을 몇 명이 좋아하는지 한눈에 알아보기 쉬운 것은 무우와 제이 중 누구의 방법일까요?

<무우가 조사한 것>

색깔	인원수
●	2명
●	1명
●	3명
●	4명

<제이가 조사한 것>

민주 : ●	혜수 : ●
지민 : ●	현지 : ●
은지 : ●	지혜 : ●
민지 : ●	하진 : ●
소희 : ●	수아 : ●

5. 표와 그래프

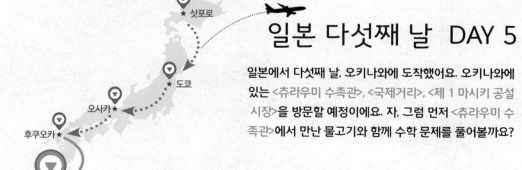

일본 다섯째 날 DAY 5

일본에서 다섯째 날, 오키나와에 도착했어요. 오키나와에 있는 <츄라우미 수족관>, <국제거리>, <제 1 마시키 공설 시장>을 방문할 예정이에요. 자, 그럼 먼저 <츄라우미 수족관>에서 만난 물고기와 함께 수학 문제를 풀어볼까요?

1. 표로 나타내기

무우와 친구들은 수조 안에 어떤 색의 물고기가 몇 마리 있는지 세어 보려고 합니다. 수조 그림을 보고 물고기의 마리수를 세어 〈표〉를 완성하세요.

종류				
수	☐ 마리	☐ 마리	☐ 마리	☐ 마리

〈표〉

▶ 표와 그래프로 나타내면 좋은 점

① 표로 나타내면 좋은 점 : 항목별 수, 조사한 자료의 전체 수를 알기 쉽습니다.

② 그래프로 나타내면 좋은 점 : 항목별 수의 많고 적음을 알기 쉽습니다.

다음과 같이 물고기의 마리수를 세어 표를 완성할 수 있습니다.

종류				
수	5 마리	6 마리	4 마리	4 마리

〈표〉

2. 그래프로 나타내기

내용을 보고 그래프의 빈칸에 각 동물의 마리수에 맞게 ○ 표시하세요.

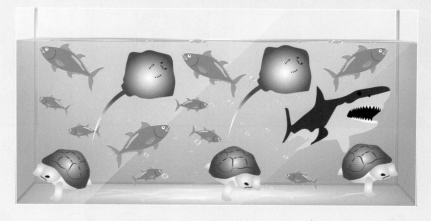

6					
5					
4					
3	○				
2	○				
1	○				
마리	거북이	가오리	작은 물고기	붉은색 큰 물고기	작은 상어

정답

다음과 같이 각 동물의 마리수를 세어 표를 완성할 수 있습니다.

6			○		
5			○		
4			○	○	
3	○		○	○	
2	○	○	○	○	
1	○	○	○	○	○
마리	거북이	가오리	작은 물고기	붉은색 큰 물고기	작은 상어

1 단계 . 표로 나타내기

그림을 보고 각각의 수를 세어 표의 빈칸에 알맞은 수를 써 넣으세요.

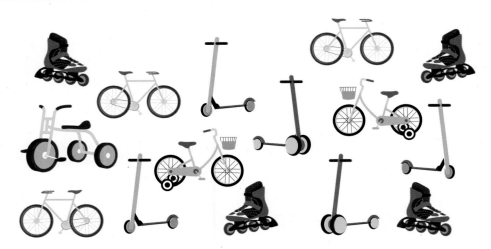

(1)

종류	자전거	킥보드	인라인
수	☐ 대	☐ 대	☐ 대

(2)

바퀴 수	바퀴 2개	바퀴 3개	바퀴 4개
수	☐ 대	☐ 대	☐ 대

(1)
자전거 : 두발 자전거(3대) + 세발 자전거(1대) + 네발 자전거(2대) = 6대
킥보드 : 바퀴 2개(3대) + 바퀴 3개(2대) = 5대
인라인 스케이트 : 4대

종류	자전거	킥보드	인라인
수	6 대	5 대	4 대

(2)
바퀴 2개 : 두발 자전거(3대) + 바퀴 2개 킥보드(3대) = 6대
바퀴 3개 : 세발 자전거(1대) + 바퀴 3개 킥보드(2대) = 3대
바퀴 4개 : 네발 자전거(2대) + 인라인 스케이트(4대) = 6대

바퀴 수	바퀴 2개	바퀴 3개	바퀴 4개
수	6 대	3 대	6 대

여러 가지 도형들을 표로 정리하려고 합니다. 표의 빈칸에 알맞은 수를 써 넣으세요.

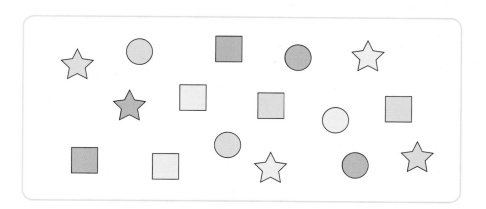

모양	□	○	☆
개수	개	개	개

색깔			
개수	개	개	개

2 단계 . 그래프로 나타내기

남은 초밥의 개수를 표와 그래프로 나타낸 것인데 일부분이 지워져 있습니다. 표와 그래프의 빈칸을 알맞게 채워 완성하세요.

종류	계란초밥	광어초밥	연어초밥	고기초밥	연어알초밥
개수	3 개	개	5 개	7 개	개

8		○			
7		○			
6		○			
5		○			
4		○			○
3	○	○			○
2	○	○			○
1	○	○			○
개			연어초밥		연어알

① 먼저 그래프를 보고 표의 빈칸을 채울 수 있습니다.
  광어초밥은 8개, 연어알초밥은 4개입니다.

종류	계란초밥	광어초밥	연어초밥	고기초밥	연어알초밥
개수	3 개	8 개	5 개	7 개	4 개

② 그 다음으로 표를 보고 그래프의 빈칸을 채울 수 있습니다.
  연어초밥 5개, 고기초밥 7개에 맞춰 그래프의 빈칸에 ○ 표시를 합니다.

8		○			
7		○		○	
6		○		○	
5		○	○	○	
4		○	○	○	○
3	○	○	○	○	○
2	○	○	○	○	○
1	○	○	○	○	○
개	계란초밥	광어초밥	연어초밥	고기초밥	연어알

풍선 다트 게임을 하는데 무우는 10개, 상상이는 6개, 알알이는 4개, 제이는 8개의 풍선을 터뜨렸다고 할 때, 그래프를 완성하세요.

10	○			
8	○			
6	○			
4	○	○		
2	○	○		
개	무우		제이	

01 반 친구들이 가고 싶은 여행지를 조사하여 적어놓은 것입니다. <표>와 <그래프>를 완성해보고 두 문제의 알맞은 말에 ○ 표시하세요.

부산	제주도	경주	강원도
경주	부산	부산	제주도
제주도	강원도	제주도	경주
부산	제주도	강원도	제주도

여행지	부산	경주	강원도	제주도
학생 수	☐ 명	3 명	☐ 명	☐ 명

<표>

6				
5				
4				
3		○		
2		○		
1		○		
명	부산	경주	강원도	제주도

<그래프>

(1) 어느 여행지를 몇 명이 가고 싶어 하는지 알아보기에 편리한 것은 (표 , 그래프)입니다.

(2) 어느 여행지를 가장 많이 가고 싶어 하는지 알아보기에 편리한 것은 (표 , 그래프)입니다.

02 두 개의 표는 무우네 반 친구들이 좋아하는 계절을 조사하여 남, 여 학생별로 나타낸 것입니다. 사계절 중 무우네 반 친구들이 가장 좋아하는 계절은 무엇일까요?

계절	봄	여름	가을	겨울
학생 수	4명	2명	3명	1명

<여학생>

계절	봄	여름	가을	겨울
학생 수	1명	3명	3명	4명

<남학생>

03 반 친구들 20명이 좋아하는 과일을 조사하여 나타낸 그래프입니다. 이때, 수박을 좋아하는 친구들의 인원수를 구해 그래프를 완성하세요.

7			○	
6			○	
5	○		○	
4	○		○	○
3	○		○	○
2	○		○	○
1	○		○	○
명	사과	수박	딸기	바나나

04 표는 무우, 상상, 알알, 제이가 한 달 동안 읽은 책의 권수를 그래프로 나타낸 것입니다. 한 달 동안 읽은 책의 권수가 5권보다 많은 친구들의 이름을 모두 적어보고, 넷이서 한 달 동안 읽은 책은 총 몇 권인지 구하세요.

10	○			
8	○			
6	○		○	
4	○	○	○	
2	○	○	○	○
권	무우	상상	알알	제이

05 그래프는 제이네 반 학생들의 혈액형을 조사하여 나타낸 것입니다. 혈액형이 B형인 학생 수는 AB형인 학생 수의 2배라고 할 때, 제이네 반 학생 수는 총 몇 명인지 구하세요.

10				
8				○
6	○			○
4	○		○	○
2	○		○	○
명	A형	B형	AB형	O형

06 표는 2학년 1반, 2반, 3반 친구들이 좋아하는 쥬스의 종류를 조사하여 나타낸 것입니다. 각 기호에 알맞은 학생 수를 구하세요.

/	포도	오렌지	사과	합계
1반	8명	11명	㉠	25명
2반	㉡	9명	㉢	22명
3반	6명	㉣	㉤	24명
합계	21명	㉥	22명	/

㉠ : ____명   ㉡ : ____명   ㉢ : ____명

㉣ : ____명   ㉤ : ____명   ㉥ : ____명

07 무우, 상상, 알알, 제이는 오늘 학원에서 수학 쪽지시험을 봤습니다. 표와 그래프는 10문제 중 맞은 문제의 개수와 틀린 문제의 개수를 나타낸 것입니다. 표와 그래프의 빈칸을 알맞게 채워 완성하세요.

이름	무우	상상	알알	제이
개수	□개	7개	8개	□개

<맞은 문제의 개수>

6				
5				
4				○
3				○
2				○
1	○			○
개	무우	상상	알알	제이

<틀린 문제의 개수>

08 두 개의 그래프는 1반과 2반 친구들이 좋아하는 간식을 조사하여 나타낸 것입니다. 1반보다 2반의 인원수가 3명 더 많다고 할 때, 2반 친구들 중 피자를 좋아하는 친구는 몇 명일까요?

6				○
5				○
4		○		○
3	○	○		○
2	○	○		○
1	○	○	○	○
명	햄버거	피자	떡볶이	치킨

<1반>

6				
5				○
4	○			○
3	○		○	
2	○		○	○
1	○		○	○
명	햄버거	피자	떡볶이	치킨

<2반>

09 알알이네 반 친구들 27명이 좋아하는 구기 종목을 조사하여 나타낸 것입니다. 피구를 좋아하는 학생 수가 농구를 좋아하는 학생 수의 두 배라고 할 때, 농구와 피구를 좋아하는 학생 수를 구해 표의 빈칸을 알맞게 채우세요.

이름	축구	농구	야구	피구	테니스
학생 수	5명	명	7명	명	3명

10 무우와 상상이는 가위바위보 5판을 해서 더 많이 진 사람이 이긴 사람에게 아이스크림을 사주기로 했습니다. 결과를 표에 바를 정자(正)로 나타내어 보고, 무우와 상상이 중 누가 아이스크림을 사게 될지 구하세요.

1번째 판 ➡ 무우-가위, 상상-보		(무우 승)
2번째 판 ➡ 무우-가위, 상상-바위		(상상 승)
3번째 판 ➡ 무우-바위, 상상-가위		(무우 승)
4번째 판 ➡ 무우-보, 상상-가위		(상상 승)
5번째 판 ➡ 무우-바위, 상상-보		(상상 승)

	이긴 횟수	진 횟수
무우	正	正
상상	正	正

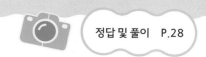
11 상상이네 반 친구들이 좋아하는 우유의 맛을 조사하여 나타낸 것입니다. 바나나 우유를 좋아하는 친구들의 수가 4명이라고 할 때, 상상이네 반 친구들은 모두 몇 명인지 구하세요.

		○		
		○		○
	○	○		○
	○	○	○	○
	○	○	○	○
명	초코	딸기	바나나	커피

12 무우는 동아리 친구들 12명의 영화 취향을 조사해 원그래프로 나타내려고 합니다. 액션은 4명, 공포는 2명, 판타지는 6명의 친구들이 좋아한다고 할 때, 이를 원그래프로 알맞게 나타낸 것을 찾아 번호를 적으세요.

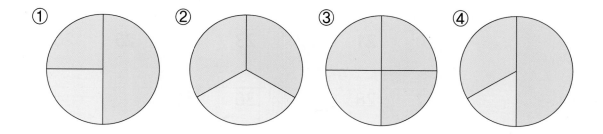

5 심화문제

01 그림은 4월 한 달 동안의 일기예보를 달력 위에 각 날짜별로 표시한 것입니다. 내용을 보고 30일과 31일의 날씨로 알맞은 그림의 기호를 찾아 적으세요.

> (1) 이틀 연속으로 비가 오는 날은 없습니다.
>
> (2) 화창한 날의 수는 비가 오는 날의 두 배입니다.

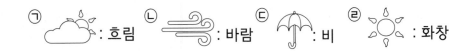

ㄱ : 흐림   ㄴ : 바람   ㄷ : 비   ㄹ : 화창

		1 ☀	2 ☀	3 ☀	4 흐림	5 바람
6 비	7 ☀	8 흐림	9 ☀	10 바람	11 비	12 ☀
13 ☀	14 ☀	15 바람	16 흐림	17 비	18 흐림	19 ☀
20 ☀	21 비	22 흐림	23 바람	24 ☀	25 ☀	26 ☀
27 비	28 흐림	29 비	**30 ?**	**31 ?**		

30일 : _____   31일 : _____

02 결과표는 어제 열린 게임 대회의 결과를 정리하여 나타낸 것입니다. 총 5번의 경기가 진행되었으며, 네 명의 선수가 참가했습니다. 결과표를 참고해 점수표의 빈 칸을 알맞게 채워 보고, 5게임에서의 2등 선수와 3등 선수는 누구인지 이야기하세요.

<결과표>

	1등	2등	3등	4등
1게임	A선수	B선수	C선수	D선수
2게임	B선수	A선수	D선수	C선수
3게임	D선수	C선수	A선수	B선수
4게임	A선수	B선수	D선수	C선수
5게임	C선수	?	?	A선수

➡ 1등은 5점, 2등은 3점, 3등은 2점, 4등은 1점의 점수를 가져가며, 점수의 총합이 가장 높은 선수가 우승합니다.

➡ 각 선수마다 점수의 총합은 모두 다릅니다.

<점수표>

	1게임	2게임	3게임	4게임	5회차	총점
A선수	5점	3점				
B선수	3점					
C선수						
D선수						

03 무우네 학교 2학년 친구들이 키우는 애완동물의 종류를 조사하여 나타낸 것입니다. 내용을 보고 그래프를 완성하세요.

> (1) 고양이를 키우는 친구는 9명입니다.
>
> (2) 아무 동물도 키우지 않는 친구는 8명입니다.
>
> (3) 무우네 학교 2학년 친구들은 총 56명입니다.

명	강아지	토끼	고양이	햄스터	물고기
	○				
	○				○
	○		○		○
	○	○	○		○
	○	○	○		○

04 상상이네 반 학생 30명의 장래 희망을 조사하여 나타낸 것입니다. 조건을 보고 그래프를 완성하세요.

> (1) 장래 희망이 운동선수인 학생 수는 장래 희망이 선생님인 학생 수보다 두 명 많습니다.
>
> (2) 장래 희망이 선생님인 학생 수는 장래 희망이 의사인 학생 수보다 한 명 많습니다.

명	1	2	3	4	5	6	7	8
연예인	○	○	○	○	○	○	○	
선생님								
경찰관	○	○	○	○				
과학자	○	○	○					
운동선수								
의사								

01 무우네 반 친구들 25명은 다음 주에 있을 현장학습 장소를 정하려고 합니다. 각자 네 개의 여행지 중 마음에 드는 여행지 두 가지를 선택하여 두 번씩 손을 들었다고 할 때, 유적지를 선택한 친구들은 모두 몇 명일까요?

	과학관	놀이공원	유적지	박물관
인원수	9명	25명	?	10명

02
창의융합문제

여러 종류의 과일이 담겨 있는 한 상자가 있습니다. 〈표〉와 〈조건〉을 보고 오렌지, 사과, 망고가 각각 몇 개씩 담겨 있는지 구하세요.

〈표〉

	바나나	딸기	오렌지	사과	망고	합계
개수	4개	7개	?	?	?	24개

〈조건〉

(1) 사과의 개수는 바나나보다 많지만 딸기보다 적습니다.

(2) 오렌지의 개수는 망고보다 2개 더 많습니다.

일본에서 다섯째 날 모든 문제 끝~!
친구들과 함께한 일본에서의 수학여행을 마친 소감은 어떤가요?

MEMO

창의력교재
업계 1위

아이앤아이

창·의·력·수·학 / 과·학

영재학교·과학고	영재교육원·영재성검사	과학대회 준비
아이앤아이 물리학 (상,하)	아이앤아이 영재들의 수학여행 수학 32권 (5단계)	아이앤아이 꾸러미 과학대회 초등 – 각종 대회, 과학 논술/서술
아이앤아이 화학 (상,하)	아이앤아이 꾸러미 48제 모의고사 수학 3권, 과학 3권	아이앤아이 꾸러미 과학대회 중고등 – 각종 대회, 과학 논술/서술
아이앤아이 생명과학 (상,하)	아이앤아이 꾸러미 120제 수학 3권, 과학 3권	
아이앤아이 지구과학 (상,하)	아이앤아이 꾸러미 시리즈 (전 4권) 수학, 과학 영재교육원 대비 종합서	
	아이앤아이 초등과학 시리즈 (전 4권) 과학 (초 3,4,5,6) – 창의적문제해결력	

Imagine Infinite!

창의영재수학

아이앤아이

정답 및 풀이

입문
초등 1~3학년
E 자료와 가능성
일본편

1. 경우의 수

대표문제 확인하기 .... P. 13

[정답] 6가지

〈풀이 과정〉

① 구슬의 종류에 따라 경우를 나누어 구합니다.

    ⅰ. 한 가지 종류의 구슬을 고르는 방법 ➡ 1가지

    ⅱ. 두 가지 종류의 구슬을 고르는 방법 ➡ 4가지

    ⅲ. 세 가지 종류의 구슬을 고르는 방법 ➡ 1가지

② 세 개의 구슬을 고르는 방법은 총 1 + 4 + 1 = 6가지입니다. (정답)

대표문제 확인하기 2 .... P. 13

[정답] 6가지

〈풀이 과정〉

다음과 같이 6가지 경로로 갈 수 있습니다. (정답)

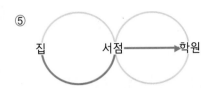

대표문제 확인하기 3 .... P. 13

[정답] 6가지

〈풀이 과정〉

두 가지 맛의 아이스크림을 고르는 경우의 수는 아이스크림을 두 개씩 짝지어 서로 연결한 선의 개수와 같이 6가지입니다. (정답)

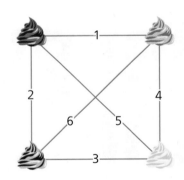

대표문제 확인하기 .... P. 15

[정답] 6가지

〈풀이 과정〉

① 두 개의 다트를 한 영역에 맞힌 경우, 두 개의 다트를 서로 다른 두 영역에 한 번씩 맞힌 경우로 나누어 구합니다.

    ⅰ. 두 개의 다트를 한 영역에 맞힌 경우 ➡ 3가지

      (10 + 10 = 20점), (8 + 8 = 16점), (5 + 5 = 10점)

    ⅱ. 두 개의 다트를 서로 다른 두 영역에 맞힌 경우 ➡ 3가지

      (10 + 8 = 18점), (10 + 5 = 15점), (8 + 5 = 13점)

② 따라서 얻을 수 있는 점수는 모두 3 + 3 = 6가지입니다. (정답)

연습문제 **01** ·········· P. 16

[정답] 풀이 과정 참조

<풀이 과정>

다음과 같이 네 가지 경로를 그릴 수 있습니다.

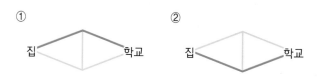

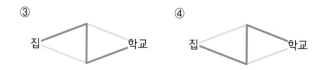

연습문제 **02** ·········· P. 16

[정답] 3가지

<풀이 과정>

① 100원짜리 동전의 개수에 따라 경우를 나누어 구합니다.

  ⅰ. 100원짜리 동전을 2개 모두 사용하는 경우 ➡ 2가지

  ⅱ. 100원짜리 동전을 1개만 사용하는 경우 ➡ 1가지

② 상상이가 250원짜리 지우개를 살 수 있는 방법은 총 2 + 1 = 3가지입니다. (정답)

연습문제 **03** ·········· P. 17

[정답] 6가지

<풀이 과정>

① 빵의 종류에 따라 다음과 같이 두 개의 나뭇가지 그림을 완성할 수 있습니다.

  ⅰ. 소보로 빵을 고른 경우 ➡ 3가지

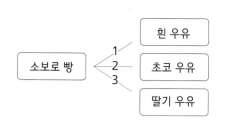

  ⅱ. 크림 빵을 고른 경우 ➡ 3가지

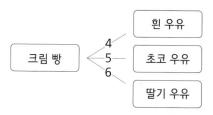

② 따라서 무우가 빵 한 개와 우유 한 개를 고를 수 있는 방법은 총 3 + 3 = 6가지입니다. (정답)

연습문제 **04** ·········· P. 17

[정답] 50원 : 6개, 100원 : 6개

<풀이 과정>

① 제이는 50원짜리 동전과 100원짜리 동전을 같은 개수만큼 가지고 있다고 했으므로 각 동전이 몇 개씩 있을 때 900원이 될지 생각해 봅니다.

② 두 동전이 한 개씩 있을 때는 100 + 50 = 150원, 두 개씩 있을 때는 100 + 100 + 50 + 50 = 300원 … 이런식으로 동전의 개수가 각각 한 개씩 늘 때마다 총 금액은 150원이 늘어나는 것을 알 수 있습니다.

③ 두 동전이 여섯 개씩 있을 때 100원짜리 동전은 600원, 50원짜리 동전은 300원으로 총 600 + 300 = 900원이 있게 됩니다.

④ 따라서 제이가 가진 동전은 50원짜리 6개, 100원짜리 6개입니다. (정답)

연습문제 **05** ·········· P. 18

[정답] 6가지

<풀이 과정>

① 맨 왼쪽의 첫 번째 사물함을 기준으로 경우를 나누어 구합니다.

  ⅰ. 첫 번째 사물함을 무우가 사용하는 경우 ➡ 2가지

  ⅱ. 첫 번째 사물함을 상상이가 사용하는 경우 ➡ 2가지

iii. 첫 번째 사물함을 알알이가 사용하는 경우 ➡ 2가지

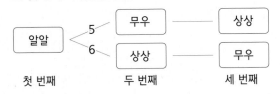

첫 번째   두 번째   세 번째

② 따라서 세 친구들의 사물함을 정하는 방법은 총 2 + 2 + 2 = 6가지입니다. (정답)

연습문제   06 ················· P. 18

[정답] 6가지

<풀이 과정>

① 먼저 반장 후보로 나온 세 명의 친구들을 각각 A, B, C 라고 합니다.

② 반장으로 뽑히는 친구를 기준으로 경우를 나누어 구합니다.

i. 반장으로 A가 뽑히는 경우 ➡ 2가지

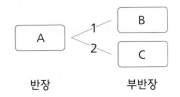

반장   부반장

ii. 반장으로 B가 뽑히는 경우 ➡ 2가지

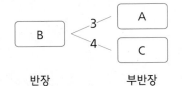

반장   부반장

iii. 반장으로 C가 뽑히는 경우 ➡ 2가지

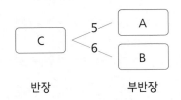

반장   부반장

③ 따라서 반장과 부반장을 뽑는 방법은 총 2 + 2 + 2 = 6가지입니다. (정답)

연습문제   07 ················· P. 19

[정답] 12개

<풀이 과정>

① 십의 자리에 오는 숫자카드를 기준으로 경우를 나누어 구합니다.

i. 십의 자리에 숫자카드 1이 오는 경우 ➡ 3개

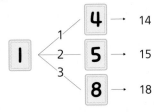

ii. 십의 자리에 숫자카드 4가 오는 경우 ➡ 3개

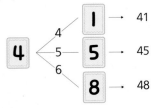

iv. 십의 자리에 숫자카드 5가 오는 경우 ➡ 3개

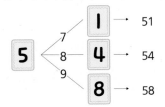

v. 십의 자리에 숫자카드 8이 오는 경우 ➡ 3개

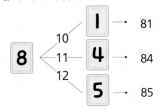

② 따라서 만들 수 있는 두 자리 자연수는 총 3 + 3 + 3 + 3 = 12개입니다. (정답)

[정답] 100원 : 1개, 50원 : 4개

<풀이 과정>

① 총 금액이 300원이므로 무우가 가진 동전 중 500원짜리 동전은 없는 것을 알 수 있습니다.

② 50원짜리 동전이 5개 있다고 하더라도 총 금액이 300원보다 모자라므로 5개의 동전으로 300원을 만들기 위해선 반드시 100원짜리 동전이 한 개 이상 필요합니다.

③ 100원짜리 동전의 개수에 따라 경우를 나누어 구합니다.

　ⅰ. 100원짜리 동전이 1개인 경우

　　나머지 4개의 동전으로 200원을 만들어야 합니다.

　　50원짜리 동전 4개로 200원을 만들 수 있습니다.

　ⅱ. 100원짜리 동전이 2개인 경우

　　나머지 3개의 동전으로 100원을 만들어야 합니다.

　　그렇지만 나머지 3개의 동전으로는 어떻게 해서든 100원을 만들 수 없습니다.

④ 따라서 무우의 동전 지갑에는 100원짜리 동전 1개와 50원짜리 동전 4개가 있습니다. (정답)

[정답] 9가지

<풀이 과정>

① 한 가지 색만 사용하는 경우, 두 가지 색을 사용하는 경우로 나누어 구합니다.

　ⅰ. 한 가지 색만 사용하는 경우 ➡ 3가지

　ⅱ. 두 가지 색을 사용하는 경우

　　☆의 색을 바꿔가며 경우의 수를 구합니다 ➡ 6가지

② 따라서 두 개의 도형을 칠할 수 있는 방법은 총 3 + 6 = 9가지입니다. (정답)

[정답] 5가지

<풀이 과정>

① 한 개의 영역만을 맞힌 경우, 두 개의 영역을 모두 맞힌 경우로 나누어 구합니다.

　ⅰ. 한 개의 영역만을 맞힌 경우 ➡ 1가지

　　한 개의 영역만을 맞혀서 36점을 만드는 방법은 4점 영역에 9번 맞히는 경우입니다.

　ⅱ. 두 개의 영역을 맞혀서 36점을 만드는 방법은 표를 이용해 구합니다. ➡ 4가지

8점	4점	총점
4번	1번	8 + 8 + 8 + 8 + 4 = 36점
3번	3번	8 + 8 + 8 + 4 + 4 + 4 = 36점
2번	5번	8 + 8 + 4 + 4 + 4 + 4 + 4 = 36점
1번	7번	8 + 4 + 4 + 4 + 4 + 4 + 4 + 4 =36점

② 따라서 36점을 만드는 방법은 총 1 + 4 = 5가지입니다.
（정답）

[정답] 10가지

<풀이 과정>

① 먼저 세 명의 여학생을 A, B, C, 두 명의 남학생을 ㄱ, ㄴ이라고 합니다.

② 뽑히는 친구들의 성별을 기준으로 경우를 나누어 구합니다.

　ⅰ. 같은 성별에서 두 명을 뽑는 경우 ➡ 4가지

　　여학생 두 명을 뽑는 경우 3가지 : (A, B), (A, C), (B, C)

　　남학생 두 명을 뽑는 경우 1가지 : (ㄱ, ㄴ)

　ⅱ. 여학생 한 명, 남학생 한 명을 뽑는 경우 ➡ 6가지

　　여학생을 기준으로 나뭇가지 그림을 그려 구합니다.

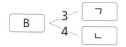

③ 따라서 교내 아나운서 두 명을 뽑는 방법은 총 4 + 6 = 10가지입니다. (정답)

연습문제 **12** ·········· P. 21

[정답] 풀이 과정 참조

〈풀이 과정〉

다음과 같이 다섯 가지 경로를 그릴 수 있습니다. 단, 되돌아가면 안됩니다.

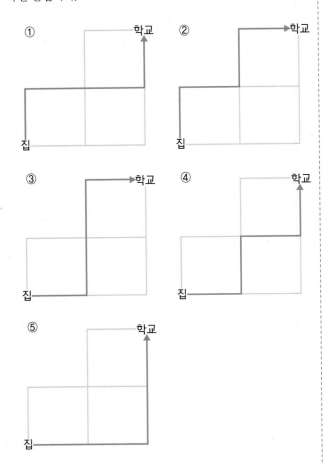

심화문제 **01** ·········· P. 22

[정답] 21개

〈풀이 과정〉

① 짝수를 만들기 위해서는 일의 자리에 반드시 짝수가 와야 합니다. 일의 자리에 오는 짝수를 기준으로 경우를 나누어 구합니다. 백의 자리에는 0이 올 수 없는 것에 유의합니다.

ⅰ. 일의 자리에 0이 오는 경우 ➡ 12개

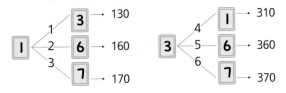

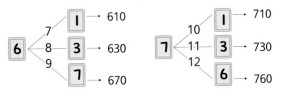

ⅱ. 일의 자리에 6이 오는 경우 ➡ 9개

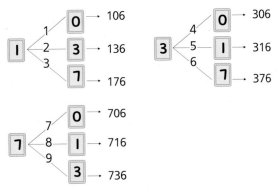

② 따라서 만들 수 있는 세 자리 자연수 중 짝수의 개수는 총 12 + 9 = 21개입니다. (정답)

심화문제 **02** ·········· P. 23

[정답] 어른 : 2명, 청소년 : 1명, 어린이 : 2명

〈풀이 과정〉

① 5명이 모두 어른이라고 가정한 뒤 차이를 줄여나가는 방식으로 풀이합니다.

② 먼저 5명이 모두 어른이라고 가정했을 때 요금의 총합을 구합니다.

1,500 + 1,500 + 1,500 + 1,500 + 1,500 = 7,500원

③ 총 요금이 5,800원이라고 했으므로 위에서 구한 7,500원과의 차를 구합니다.

7,500 – 5,800 = 1,700원

④ 어른 한 명이 청소년으로 바뀌면 1,500 – 1,200 = 300원의 요금이 줄어들고,

어른 한 명이 어린이로 바뀌면 1,500 – 800 = 700원의 요금이 줄어듭니다.

이를 이용해 1,700원의 요금을 줄이는 경우를 생각해 봅니다.

⑤

⑥ 따라서 5명 중 어른은 2명, 청소년은 1명, 어린이는 2명입니다. (정답)

[정답] 15가지

〈풀이 과정〉

① 불이 켜진 전구의 개수를 기준으로 경우를 나누어 구합니다.

ⅰ. 불이 켜진 전구가 1개인 경우 ➡ 4가지

ⅱ. 불이 켜진 전구가 2개인 경우 ➡ 6가지

ⅲ. 불이 켜진 전구가 3개인 경우 ➡ 4가지

ⅳ. 불이 켜진 전구가 4개인 경우 ➡ 1가지

② 따라서 만들 수 있는 신호는 총 4 + 6 + 4 + 1 = 15가지 입니다. (정답)

[정답] 8가지

〈풀이 과정〉

① 두 계단씩 오르는 횟수를 기준으로 경우를 나누어 구합니다.

ⅰ. 두 계단씩 오르지 않고 한 계단씩 다섯 번 오르는 경우

➡ 1가지

ⅱ. 두 계단씩 한 번, 한 계단씩 세 번 오르는 경우

➡ 4가지

(1-1-1-2), (1-1-2-1), (1-2-1-1), (2-1-1-1)

ⅲ. 두 계단씩 두 번, 한 계단씩 한 번 오르는 경우

➡ 3가지

(1-2-2), (2-1-2), (2-2-1)

② 따라서 알알이가 다섯 개의 계단을 오르는 방법은 총 1 + 4 + 3 = 8가지입니다. (정답)

[정답] 풀이 과정 참조

〈풀이 과정〉

① 먼저 무우와 제이가 가진 동전들의 총 금액을 각각 구합니다.

무우 : 500 + 100 + 100 + 50 + 50 + 10 + 10 + 10 + 10 + 10 = 850원

제이 : 100 + 100 + 100 + 100 + 50 + 50 + 50 + 50 + 50 + 10 + 10 = 670원

② 둘의 총 금액의 차이가 850 – 670 = 180원이므로 무우는 90원이 줄어들고 제이는 90원이 늘어나는 방법을 생각해 봅니다. 무우가 가진 100원짜리 동전과 제이가 가진 10원 짜리 동전을 서로 바꾸면 둘의 총 금액이 760원으로 같아 지게 됩니다. (정답)

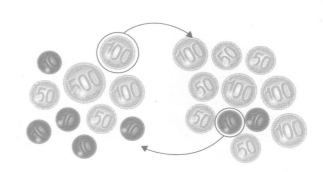

창의적문제해결수학 **02** ·········· P. 27

[정답] 15가지

<풀이 과정>

① 다음과 같이 세 가지 경우로 나누어 구합니다.

i . 두 개를 모두 막대사탕으로 고르는 경우 ➡ 3가지

ii . 두 개를 모두 젤리로 고르는 경우 ➡ 3가지

iii . 막대사탕과 젤리를 하나씩 고르는 경우 ➡ 9가지

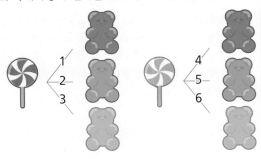

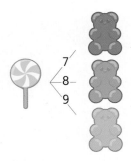

② 따라서 제이가 두 개의 간식을 고를 수 있는 방법은 총 3 + 3 + 9 = 15가지입니다. (정답)

2. 리그와 토너먼트

대표문제 확인하기 1 ·········· P. 33

[정답] 4명

<풀이 과정>

다음과 같이 4명의 선수가 있을 때 총 6번의 경기가 치러집니다. (정답)

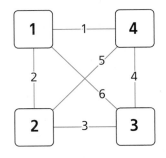

대표문제 확인하기 2 ·········· P. 33

[정답] 12번

<풀이 과정>

① 먼저 세 명의 여학생을 각각 A, B, C, 네 명의 남학생을 ㄱ, ㄴ, ㄷ, ㄹ 이라고 합니다.

② 여학생을 기준으로 경우를 나누어 구합니다.

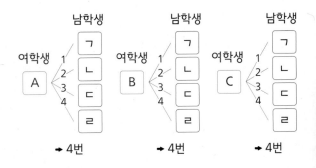

③ 따라서 학생들은 총 4 + 4 + 4 = 12번의 악수를 하게 됩니다. (정답)

[정답] 풀이 과정 참조

〈풀이 과정〉

① A와 C가 대결해 C가 승리했다고 했으므로 첫 번째 경기에서 A와 B가 대결해 A가 승리한 것을 알 수 있습니다.

② 〈결과표〉를 보고 다음과 같이 토너먼트 그림을 완성할 수 있습니다.

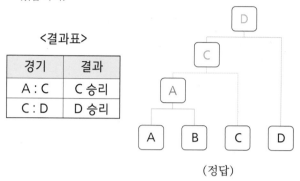

〈결과표〉

경기	결과
A : C	C 승리
C : D	D 승리

(정답)

[정답] 6회

〈풀이 과정〉

① 토너먼트 방식으로 경기를 진행했을 때 (경기 횟수) = (팀의 수) – 1 이므로
(팀의 수) = (경기 횟수) + 1 입니다.

② 대회에는 10개의 팀이 참가했다고 했으므로 경기 횟수는 10 – 1 = 9회입니다.

③ 현재까지 3번의 경기가 치뤄졌으므로 남은 경기는 9 – 3 = 6회입니다. (정답)

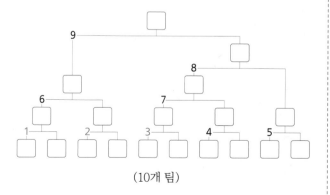

(10개 팀)

[정답] 15번

〈풀이 과정〉

① A부터 차례대로 다른 선수와 서로 한 번씩 잇는 선을 중복되지 않게 그려 줍니다.

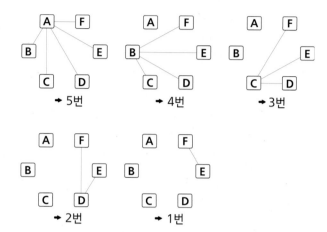

→ 5번   → 4번   → 3번

→ 2번   → 1번

② 위에서 그린 선의 개수는 총 5 + 4 + 3 + 2 + 1 = 15개입니다. 선의 개수는 악수의 횟수와 같습니다. 따라서 여섯 명은 총 15번의 악수를 하게 됩니다. (정답)

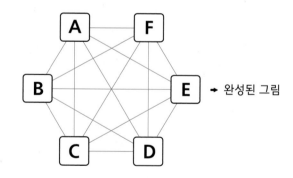

→ 완성된 그림

연습문제 **03** .... P. 37

[정답] 풀이 과정 참조

<풀이 과정>

① '(2) 우승자는 D입니다' ➡ 맨위 빈칸을 D로 채울 수 있습니다.

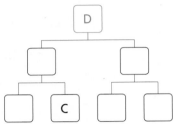

② '(3) A는 C를 이겼습니다' ➡ 빨간 빈칸 두 개를 A로 채울 수 있습니다.

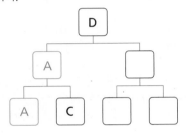

③ A, B, C, D 네 명이 경기하고 우승자가 D이므로 B와 D가 대결해 D가 이긴 것을 알 수 있습니다. B와 D의 위치는 바뀌어도 됩니다.

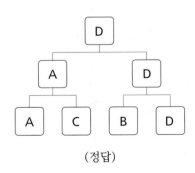

(정답)

연습문제 **04** .... P. 37

[정답] 6번

<풀이 과정>

① 먼저 리그 방식으로 시합을 진행했을 때의 경기 횟수를 구합니다. 다섯 명의 선수를 각각 A, B, C, D, E 라고 하고, 서로 중복되지 않게 한 번씩 이어줍니다.

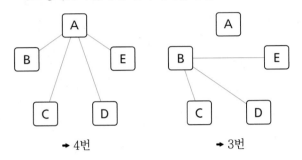

➡ 4번 ➡ 3번

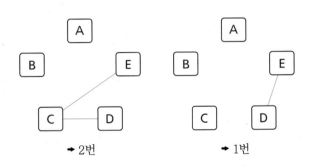

➡ 2번 ➡ 1번

다섯 명의 선수를 서로 중복되지 않게 한 번씩 잇는 선의 개수는 경기 횟수와 같습니다. 따라서 총 경기 횟수는 4 + 3 + 2 + 1 = 10번입니다.

② 그 다음으로 토너먼트 방식으로 시합을 진행했을 때의 경기 횟수를 구합니다. 토너먼트 방식으로 경기를 진행했을 때 경기 횟수는 (팀의 수 or 선수의 인원수) − 1 입니다. 따라서 총 경기 횟수는 5 − 1 = 4번입니다.

③ 리그 방식으로 시합했을 때는 10번, 토너먼트 방식으로 시합했을 때는 4번의 경기를 하게 되므로 둘의 차는 10 − 4 = 6번입니다. (정답)

연습문제 **05** .... P. 38

[정답] 21번

<풀이 과정>

① 토너먼트 방식으로 경기를 진행했을 때 (경기 횟수) = (팀의 수) − 1 이므로 (팀의 수) = (경기 횟수) + 1 입니다.

② 문제에서 총 6번의 경기가 치뤄졌다고 했으므로 팀의 수는 6 + 1 = 7팀입니다.

③ 7개의 팀이 리그 방식으로 경기를 진행했을 때의 경기 횟수를 구합니다.

④ 먼저, 첫 번째 팀은 나머지 6개의 팀과 한 번씩 6번의 경기를 하게 됩니다.

두 번째 팀은 첫 번째 팀을 제외한 5개의 팀과 한 번씩 5번의 경기를 하게 됩니다.

세 번째 팀은 첫 번째, 두 번째 팀을 제외한 4개의 팀과 한 번씩 4번의 경기를 하게 됩니다. 이러한 방식으로 마지막 2개의 팀이 남을 때까지 경기 횟수를 구하여 모두 더하면 경기 횟수를 구할 수 있습니다.

⑤ 따라서 리그 방식으로 진행했을 때 경기 횟수는 총 6 + 5 + 4 + 3 + 2 + 1 = 21번입니다. (정답)

연습문제 **06** .... P. 38

[정답] 3번

〈풀이 과정〉

① 너구리는 가장 먼저 모든 대결을 끝냈다고 했으므로 다음과 같이 토끼, 강아지, 고양이와 한 번씩 총 세 번 대결 한 것을 알 수 있습니다.

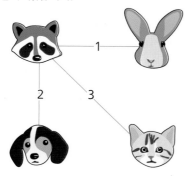

② 너구리는 모든 대결을 이미 끝냈으므로 너구리를 제외하고 남은 토끼, 강아지, 고양이끼리 몇 번의 경기를 더 하게 될지 구합니다.

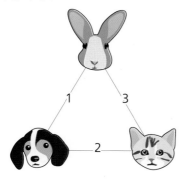

③ 세 번의 경기를 더 하게 되므로 너구리가 심판을 보게 되는 경기는 3번입니다. (정답)

연습문제 **07** .... P. 39

[정답] 11팀

〈풀이 과정〉

① 먼저 리그 방식으로 진행된 A학교의 선발전 횟수를 구합니다. 다섯 개의 팀이 리그 방식으로 경기하는 횟수는 4 + 3 + 2 + 1 = 10회입니다.

② 문제에 따라 B학교의 선발전 횟수 또한 10회인 것을 알 수 있습니다. 토너먼트 방식으로 경기를 진행했을 때 (경기 횟수) = (팀의 수) – 1 이므로 (팀의 수) = (경기 횟수) + 1 입니다.

③ 따라서 B학교에서 경기에 참가한 팀의 수는 10 + 1 = 11 입니다. (정답)

연습문제 **08** .... P. 39

[정답] 13번

〈풀이 과정〉

① 먼저 작년에 진행된 경기 횟수를 구합니다. 작년에는 16개의 팀이 토너먼트 방식으로 경기했다고 했으므로 16 – 1 = 15번의 경기가 진행된 것을 알 수 있습니다.

② 올해에는 절반의 팀만이 참가했다고 했으므로 16을 절반으로 가르기한 (8 + 8 = 16) 8팀이 참가한 것을 알 수 있습니다.

③ 8개의 팀이 리그 방식으로 경기하는 횟수는 7 + 6 + 5 + 4 + 3 + 2 + 1 = 28번입니다.

④ 작년에는 15번의 경기가, 올해에는 28번의 경기가 진행되었으므로 올해에는 작년에 비해 28 – 15 = 13번의 경기를 더 하게 됩니다. (정답)

연습문제 **09** .... P. 40

[정답] 14번

〈풀이 과정〉

① 토너먼트 방식의 경우 매 경기마다 진 선수는 탈락하므로 한 경기당 한 명이 반드시 탈락하게 됩니다. 12명의 선수 중 4명의 선수가 남기 위해선 12 – 4 = 8명의 선수가 탈락해야 합니다. 따라서 토너먼트 방식으로는 8번의 경기가 진행된 것을 알 수 있습니다.

② 4명의 선수가 리그 방식으로 경기할 경우 총 3 + 2 + 1 = 6번의 경기를 하게 됩니다.

③ 이 씨름 대회에서는 토너먼트 방식으로 8번, 리그 방식으로 6번 총 8 + 6 = 14번의 경기를 하게 됩니다. (정답)

연습문제 **10** ⋯⋯⋯⋯⋯⋯⋯ P. 40

[정답] 5명

〈풀이 과정〉

① 2명서 경기하는 경우를 제외하고는 어떤 경우든 리그 방식이 토너먼트 방식보다 경기 횟수가 많아집니다. 선수가 3명일 경우부터 차례로 리그와 토너먼트 방식의 경기 횟수 차이가 6회인 경우를 찾습니다.

  ⅰ. 선수가 3명일 경우
  리그 방식 : 2 + 1 = 3회
  토너먼트 방식 : 3 − 1 = 2회
  차이 = 3 − 2 = 1회
  ⅱ. 선수가 4명일 경우
  리그 방식 : 3 + 2 + 1 = 6회
  토너먼트 방식 : 4 − 1 = 3회
  차이 : 6 − 3 = 3회
  > ⅲ. 선수가 5명일 경우
  > 리그 방식 : 4 + 3 + 2 + 1 = 10회
  > 토너먼트 방식 : 5 − 1 = 4회
  > 차이 : 10 − 4 = 6회

③ 리그와 토너먼트 방식의 경기 횟수 차이가 6회인 경우는 선수가 5명인 경우입니다. (정답)

연습문제 **11** ⋯⋯⋯⋯⋯⋯⋯ P. 41

[정답] 12회

〈풀이 과정〉

① 먼저 세 쌍의 부부, 즉 6명의 사람이 모두 번갈아가며 한 번씩 악수를 하는 횟수를 구합니다. 각 부부는 서로 악수하지 않는다고 했으므로 부부끼리 악수하는 횟수인 3회를 빼면 총 몇 번의 악수를 하게 되는지 구할 수 있습니다.

② 6명의 사람 중 첫 번째 사람은 나머지 5명의 사람과 한 번씩 5번의 악수를, 두 번째 사람은 첫 번째 사람을 제외한 4명의 사람과 한 번씩 4번의 악수를 … 이러한 방식으로 마지막 2명이 남을 때까지 악수 횟수를 구하여 모두 더하면 악수 횟수를 구할 수 있습니다. 따라서 총 악수 횟수는 5 + 4 + 3 + 2 + 1 = 15번입니다.

③ 총 악수 횟수 15회에서 부부가 서로 악수하는 3회를 빼면 15 − 3 = 12회입니다.

④ 따라서 사람들이 악수를 하는 횟수는 12회입니다. (정답)

연습문제 **12** ⋯⋯⋯⋯⋯⋯⋯ P. 41

[정답] 풀이 과정 참조

〈풀이 과정〉

① '(3) A는 C를 이겼습니다' ➡ A와 C는 결승전에서 대결했으며 A가 우승한 것을 알 수 있습니다.

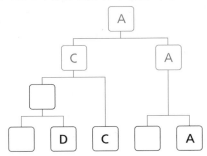

② '(2) C는 B를 이겼습니다' ➡ 빨간 빈칸 두 개를 B로 채울 수 있습니다.

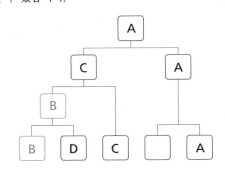

③ A, B, C, D, E 다섯 명이 경기한다고 했으므로 마지막 빈칸 한 개를 E로 채울 수 있습니다.

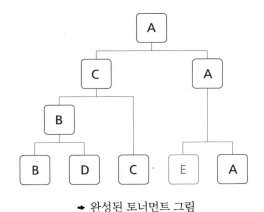

➡ 완성된 토너먼트 그림

[정답] 32회

<풀이 과정>

① 한 조에 네 팀씩 4개 조로 나뉘어 리그 방식으로 경기하는 횟수는 한 조에서 몇 번의 경기를 하는지 구한 후 이를 4번 더하는 방식으로 구합니다.

② 각 조당 네 개의 팀이 리그 방식으로 경기하는 횟수는 3 + 2 + 1 = 6회입니다. 총 4개의 조가 있으므로 총 경기 횟수는 6 + 6 + 6 + 6 = 24회입니다.

③ 각 조의 1등과 2등이 본선에 진출한다고 했으므로 각 조마다 2팀씩 총 8개의 팀이 본선에 진출하게 됩니다.

④ 본선에 진출한 8개의 팀은 토너먼트 방식으로 경기를 한다고 했으므로 총 8 - 1 = 7회 경기를 하게 됩니다.

⑤ 마지막으로 3, 4위 결정전을 한 번 합니다.

⑥ 따라서 축구 대회에서는 총 24 + 7 + 1 = 32회의 경기를 하게 됩니다. (정답)

[정답] 4회

<풀이 과정>

① 먼저 포옹하는 횟수를 구합니다. 포옹하는 횟수는 서로 번 갈아가며 두 명씩 짝을 짓는 횟수와 같습니다.

ⅰ. 여학생끼리 포옹하는 횟수 → 3 + 2 + 1 = 6회

ⅱ. 남학생끼리 포옹하는 횟수 → 4 + 3 + 2 + 1 = 10회

동아리 학생들은 총 6 + 10 = 16회 포옹을 하게 됩니다.

② 그 다음 악수하는 횟수를 구합니다. 여학생 한 명당 남학생 다섯 명과 다섯 번의 악수를 하게 됩니다. 여학생이 모두 4명이므로 5 × 4 = 20회 악수를 하게 됩니다.

③ 동아리 학생들은 20회 악수, 16회 포옹을 하게 되므로 포옹보다는 악수를 20 - 16 = 4회 더 하게 됩니다. (정답)

[정답] 19분

<풀이 과정>

① 먼저 소요 시간을 구하기에 앞서 총 경기 횟수를 구합니다. 6명의 선수가 토너먼트 방식으로 경기를 한다면 총 6 - 1 = 5회 경기를 하게 됩니다.

② 그 다음으로 경기 사이 준비 시간은 총 몇 번인지 구합니다. 한 번에 한 경기만 치뤄진다고 했으므로 다음과 같이 5회 경기를 한다면 경기 사이 준비 시간은 4번인 것을 알 수 있습니다.

경기 1	경기 2	경기 3	경기 4	경기 5
↑	↑	↑	↑	
준비 1	준비 2	준비 3	준비 4	

③ 총 경기 시간은 3분씩 5번이므로 3 + 3 + 3 + 3 + 3 = 15분, 총 준비 시간은 1분씩 4번이므로 1 + 1 + 1 + 1 = 4분입니다.

④ 따라서 모든 경기를 치루는데 소요되는 시간은 총 15 + 4 = 19분입니다. (정답)

[정답] 풀이 과정 참조

〈풀이 과정〉

① '(4) D는 A를 이겼으며 우승자입니다' ➜ 초록색 빈칸 두 개를 D로 채울 수 있습니다.

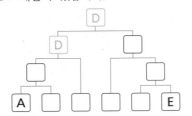

② '(3) C는 E와 B를 이겼습니다' ➜ C가 첫 번째 경기에서 E를 이기고, 그 다음 경기에서 B를 이긴 것을 알 수 있습니다. 따라서 빨간 빈칸을 C로, 파란 빈칸을 B로 채울 수 있습니다.

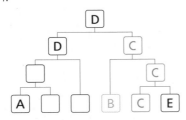

③ 'A와 F는 경기를 한 번씩 했습니다' ➜ A와 D가 대결해 D가 승리하고, 그 다음으로 D와 F가 대결해 또 D가 승리한 것을 알 수 있습니다.

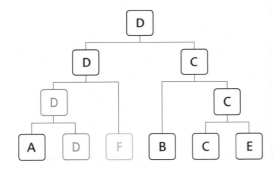

➜ 완성된 토너먼트 그림

[정답] 하얀색 : 10개, 노란색 : 21개, 빨간색 : 35개

〈풀이 과정〉

① 풍선의 색깔별로 경우를 나누어 필요한 풍선의 개수를 구합니다.

ⅰ. 하얀색 풍선
하얀색 풍선의 개수는 5명의 여학생이 서로 번갈아가며 두 명씩 짝을 짓는 횟수와 같습니다. 따라서 필요한 하얀색 풍선의 개수는 4 + 3 + 2 + 1 = 10개입니다.

ⅱ. 노란색 풍선
노란색 풍선의 개수는 7명의 남학생이 서로 번갈아가며 두 명씩 짝을 짓는 횟수와 같습니다. 따라서 필요한 노란색 풍선의 개수는 6 + 5 + 4 + 3 + 2 + 1 = 21개입니다.

ⅲ. 빨간색 풍선
빨간색 풍선의 개수는 5명의 여학생과 7명의 남학생이 번갈아가며 한 번씩 남,녀 짝을 짓는 횟수와 같습니다. 남학생이 7명이므로 여학생 한 명당 7번 짝을 짓게 됩니다. 여학생이 모두 5명이므로 필요한 빨간색 풍선의 개수는 7 + 7 + 7 + 7 + 7 = 35입니다.

[정답] 풀이 과정 참조

〈풀이 과정〉

① 먼저 총 경기 횟수를 구합니다.
네 명의 선수가 리그 방식으로 경기 했으므로 총 경기 횟수는 3 + 2 + 1 = 6번입니다.

② 무승부는 없다고 했으므로 6번의 경기에서 각 경기마다 한 명은 패배하고 한 명은 승리하게 됩니다. 그러므로 승리 횟수의 합과 패배 횟수의 합은 각 6회가 되어야 합니다.

③ 또한 리그 방식의 경우 각 네 명의 선수가 모두 자신을 제외한 나머지 세 명의 선수와 한 번씩 3번의 경기를 하게 됩니다. 그러므로 각 선수마다 승리와 패배 횟수를 합쳐 3회가 되어야만 합니다. 각 조건에 따라 다음과 같이 표를 완성할 수 있습니다.

	승리	패배	총 경기 횟수
A	1승	2패	3회
B	2승	1패	3회
C	2승	1패	3회
D	1승	2패	3회
/	6회	6회	/

B ➜ 2승이므로 반드시 1패입니다.

C ➜ 1패이므로 반드시 2승입니다.

D ➜ 총 승리 횟수와 패배 횟수가 각각 6회가 되어야 하므로 반드시 1승 2패입니다.

3. 분류하기

대표문제 확인하기 ·················· P. 53

[정답] 풀이 과정 참조

〈풀이 과정〉

① 다음과 같이 서로 다른 두 가지 기준을 이용해 8개의 도형을 나눌 수 있습니다.

(1)

기준	도형
색칠되어 있는 것	
색칠되어 있지 않은 것	

(2)

기준	도형
둥근 부분이 있는 것	
둥근 부분이 없는 것	

대표문제 확인하기 ·················· P. 55

[정답] 풀이 과정 참조

〈풀이 과정〉

① 다음과 같이 빈칸에 알맞은 그림을 그려 넣을 수 있습니다.

(1) : = :
(정답)

(2) : =
(정답)

연습문제 01 ·················· P. 56

[정답] 풀이 과정 참조

〈풀이 과정〉

다음과 같이 8개의 도형을 3개와 5개로 나눌 수 있습니다.

특징	도형
둥근 부분이 있는 것	
둥근 부분이 없는 것	

연습문제 02 ·················· P. 56

[정답] 풀이 과정 참조

〈풀이 과정〉

다음과 같이 알맞은 말에 ○ 표시를 할 수 있습니다.

(1) 각 그림 카드의 도형의 모양이 서로 (같습니다, 다릅니다).
(2) 각 그림 카드의 도형의 개수가 서로 (같습니다, 다릅니다).
(3) 각 그림 카드의 도형의 색깔이 서로 (같습니다, 다릅니다).

연습문제 03 ·················· P. 57

[정답] 풀이 과정 참조

〈풀이 과정〉

다음과 같이 서로 다른 두 가지 기준을 이용해 세 개씩 두 종류로 나눌 수 있습니다.

(1)

기준	도형		
동물인 것	개구리	강아지	악어
과일인 것	포도	딸기	수박

(1)

기준	도형		
초록색인 것	개구리	수박	악어
초록색이 아닌 것	포도	딸기	강아지

연습문제 **04** ···················· P. 57

[정답] 풀이 과정 참조

〈풀이 과정〉

다음과 같이 빈칸에 알맞은 그림을 그려 넣을 수 있습니다.

(1) : = :

(2) : = :

연습문제 **05** ···················· P. 58

[정답] 색깔

〈풀이 과정〉

다음과 같이 여러 가지 과일을 '색깔'별로 구분한 것을 알 수 있습니다.

 ➡ 빨간색 과일

(토마토, 딸기, 사과)

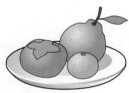 ➡ 주황색 과일

(귤, 오렌지, 감)

 ➡ 노란색 과일

(바나나, 참외, 레몬)

 ➡ 보라색 과일

(포도, 블루베리, 거봉)

연습문제 **06** ···················· P. 58

[정답] 뿌뿌입니다

〈풀이 과정〉

① 먼저 뿌뿌인 것들이 가진 공통점을 찾습니다.

➡ 색칠된 도형을 하나씩 가지고 있습니다.

② 그 다음 뿌뿌가 아닌 것들을 보며 위에서 찾은 공통점이 기준으로 적절한지 확인합니다.

➡ 색칠된 도형이 없거나 두 개 이상입니다.

③ 따라서 색칠된 도형이 한 개 있는 경우가 '뿌뿌'인 것을 알 수 있습니다. (□■)에는 색칠된 도형이 한 개 있으므로 뿌뿌입니다. (정답)

연습문제 **07** ···················· P. 59

[정답] 세 번째 카드, 특징 : 모양의 개수, 모양의 배열

〈풀이 과정〉

① 다섯 장의 카드가 공통으로 가질 수 있는 특징은 모양, 모양의 개수, 모양의 배열, 색깔 등이 있습니다.

② 먼저 '모양'은 다섯 장의 카드가 모두 다르고, '색깔'은 다섯 장의 카드가 모두 같으므로 정답의 경우가 될 수 없습니다.

③ ⅰ. 모양의 개수

➡ 3개 ➡ 7개 ➡ 2개 ➡ 5개 ➡ 1개

세 번째 카드만 짝수 개이고 나머지 카드는 모두 홀수 개인 것을 알 수 있습니다.

ⅱ. 모양의 배열

세 번째 카드만 가운데에 모양이 없고 나머지 카드는 모두 가운데에 모양이 배치되어 있는 것을 알 수 있습니다.

④ 따라서 혼자만 다른 특징을 가진 한 장의 카드는 세 번째 카드이고 그 특징은 '모양의 개수' 또는 '모양의 배열'입니다.

[정답] ㉣

〈풀이 과정〉

① 먼저 왼쪽 묶음의 도형들이 가진 공통점을 찾습니다.

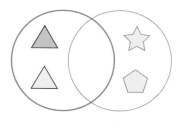

두 도형의 색깔은 다르지만 모양은 삼각형으로 같습니다.
➡ 왼쪽 묶음의 도형들의 공통점은 삼각형 모양입니다.

② 그 다음 오른쪽 묶음의 도형들이 가진 공통점을 찾습니다.

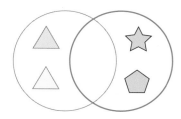

두 도형의 모양은 다르지만 색깔은 연두색으로 같습니다.
➡ 오른쪽 묶음의 도형들의 공통점은 연두색입니다.

③ 파란색 부분에 올 수 있는 도형은 두 묶음의 특징을 모두 가져야하므로 '삼각형' 이면서 '연두색' 이어야 합니다. 따라서 정답은 연두색 삼각형인 ㉣입니다.

[정답] ⓑⓓ, ⓐⓒ, ⓓ, ⓑ, ⓐ, ⓒ (차례대로)

〈풀이 과정〉

다음과 같이 각 빈칸에 알맞은 식의 기호를 적을 수 있습니다.

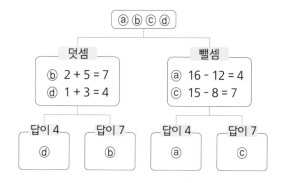

[정답] ③

〈풀이 과정〉

① 〈보기〉의 두 그림이 공통적으로 가지는 특징을 생각해 봅니다.

➡ 삼각형 모양을 포함합니다.

② 다음 중 삼각형 모양을 포함하는 것은 ③번 콘 아이스크림 입니다. (정답)

① ② ③ ④

[정답] 분류 기준 : 정확히 반으로 접을 수 있는지 없는지

〈풀이 과정〉

① 도형이 가질 수 있는 속성으로는 색깔, 모양 등이 있습니다.

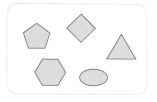 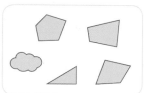

② 왼쪽에 있는 도형들은 반으로 접었을 때 정확하게 겹쳐지지만, 오른쪽에 있는 도형들은 반으로 접었을 때 정확하게 겹쳐지지 않습니다.

따라서 알맞은 분류 기준은 '정확히 반으로 접을 수 있는지 없는지' 입니다.

(오른쪽에 있는 도형들도 넓이가 같게 반으로 접을 수는 있습니다.)

3 정답 및 풀이

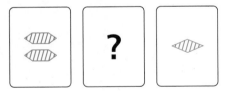

연습문제 12 ·· P. 61

[정답] ③

〈풀이 과정〉

① i. 도로를 달리는 것과 하늘 위를 나는 것
   ➡ 배와 지하철을 분류할 수 없으므로 적절하지 않습니다.

ii. 바퀴가 두 개인 것과 두 개보다 많은 것
   ➡ 바퀴가 없는 배를 분류할 수 없으므로 적절하지 않습니다.

iii. 모터가 있는 것과 모터가 없는 것
   모터가 있는 것 – 버스, 배, 오토바이, 지하철, 승용차, 비행기, 기차
   모터가 없는 것 – 인라인 스케이트, 스케이트 보드, 자전거
   ➡ 〈보기〉의 모든 이동 수단을 두 종류로 나눌 수 있습니다.

iv. 물 위를 떠 다니는 것과 하늘 위를 다니는 것
   ➡ 배와 비행기를 제외한 나머지 이동 수단을 분류할 수 없으므로 적절하지 않습니다.

② 따라서 분류 기준으로 알맞은 것은 ③번입니다. (정답)

심화문제 01 ·· P. 62

[정답] ④

〈풀이 과정〉

① 네 개의 속성이 각각 모두 다르거나 모두 같아야 하므로 주어진 두 장의 카드를 보고 나머지 한 장의 카드를 유추합니다.

(1) 모양 : 두 장의 카드가 서로 다릅니다.
   ➡ 모두 달라야 합니다.

(2) 색깔 : 두 장의 카드가 서로 다릅니다.
   ➡ 모두 달라야 합니다.

(3) 개수 : 두 장의 카드가 서로 다릅니다.
   ➡ 모두 달라야 합니다.

(4) 무늬 : 두 장의 카드가 서로 같습니다.
   ➡ 모두 같아야 합니다.

② 따라서 모양은 ⬭, 색깔은 ⬛, 개수는 3개, 무늬는 ▨이어야 합니다.

③ 따라서 ④ 가 정답입니다.

심화문제 02 ·· P. 63

[정답] 풀이 과정 참조

〈풀이 과정〉

① 먼저 무무인 것들이 가진 공통점을 찾습니다.

맹 양 공

➡ 받침에 'ㅇ'이 들어갑니다. 세 개의 자음과 모음으로 이루어져 있습니다

② 그 다음 무무가 아닌 것들을 보며 위에서 찾은 공통점이 기준으로 적절한지 확인합니다.

문 침 왜

➡ 'ㅇ'이 들어가는 글자, 받침이 있는 글자는 있지만 받침에 'ㅇ'이 들어가진 않습니다. 또한 세 개의 자음과 모음으로 이루어져 있습니다.

③ 따라서 받침에 'ㅇ'이 들어가는 경우가 '무무'인 것을 알 수 있습니다.

(1) **온** ➡ (무무입니다, (무무가 아닙니다))

(2) **상** ➡ ((무무입니다), 무무가 아닙니다)

[정답] 풀이 과정 참조

<풀이 과정>

다음과 같이 A, B, C 위치에 도형을 그릴 수 있습니다. B 위치에는 두 가지 특징 '사각형'과 '하늘색 도형'을 모두 가진 '하늘색 사각형'이 올 수 있습니다.

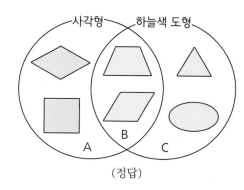

(정답)

[정답] 풀이 과정 참조

<풀이 과정>

① 같은 가로 줄에는 같은 색의 도형이, 같은 세로 줄에는 같은 모양의 도형이 위치하는 규칙을 찾을 수 있습니다. 규칙에 맞게 빈칸에 도형을 배열합니다.

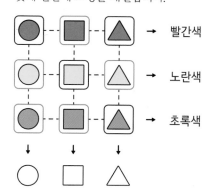

② 다음과 같이 빈칸에 알맞은 기호를 적을 수 있습니다.

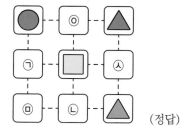

(정답)

[정답]

(1) ㉠ 기준 : 각 자리 숫자의 합이 10보다 크거나 작다
(2) ㉡ 기준 : 짝수 또는 홀수
(3) ⓐ 들어갈 수 : 332, 16
(4) ⓑ 에 들어갈 수 : 441, 215, 115

<풀이 과정>

① 수가 가질 수 있는 속성으로는 짝수와 홀수, 자릿수, 각 자리 숫자의 조합 등이 있습니다. 첫 번째 ㉠ 기준에 의해 나뉜 수들의 공통적인 특징을 살펴봅니다.

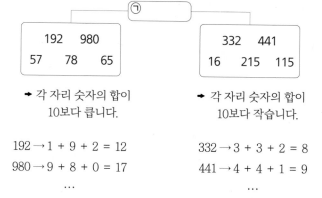

➜ 각 자리 숫자의 합이 10보다 큽니다.

➜ 각 자리 숫자의 합이 10보다 작습니다.

$192 \rightarrow 1 + 9 + 2 = 12$

$980 \rightarrow 9 + 8 + 0 = 17$

...

$332 \rightarrow 3 + 3 + 2 = 8$

$441 \rightarrow 4 + 4 + 1 = 9$

...

➜ 따라서 ㉠ 기준은 '각 자리 숫자의 합이 10보다 크거나 작다' 입니다. (1)

② 두 번째로 ㉡ 기준에 의해 나뉜 수들의 공통적인 특징을 살펴봅니다.

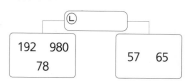

➜ 짝수입니다.　➜ 홀수입니다.

➜ 따라서 ㉡ 기준은 '짝수 또는 홀수' 입니다. (2)

③ ㉡ 기준에 따라 ⓐ 에는 짝수를, ⓑ 에는 홀수를 적을 수 있습니다.

➜ ⓐ : 332, 16　(3)

➜ ⓑ : 441, 215, 115　(4)

창의적문제해결수학 02 .... P. 67

[정답] 풀이 과정 참조

〈풀이 과정〉

① 먼저 퐁퐁인 것들이 가진 공통점을 찾습니다.

➡ 한 칸이 ■ 색으로 색칠되어
있습니다.

② 그 다음 퐁퐁이 아닌 것들을 보며 위에서 찾은 공통점이 기준으로 적절한지 확인합니다.

➡ ■ 색으로 색칠된 칸이 없거나
한 칸보다 많습니다.

③ 따라서 한 칸이 ■ 색으로 색칠되어 있는 경우가 '퐁퐁'인 것을 알 수 있습니다. 이에 따라 주어진 구슬들을 퐁퐁인 구슬들과 퐁퐁이 아닌 구슬들로 알맞게 구분할 수 있습니다.

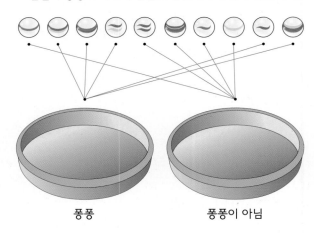

퐁퐁   퐁퐁이 아님

(정답)

4. 그림 그려 해결하기

대표문제 확인하기 .... P. 73

[정답] 5명

〈풀이 과정〉

① (1) B는 세 번째로 달리고 있습니다.
➡ B의 앞에는 두 명의 선수가 있습니다.

② (2) C는 B의 바로 뒤에서 달리고 있으며 뒤에서 두 번째 순서입니다.
➡ C는 B의 바로 뒤인 네 번째에 달리고 있으며, C의 뒤에는 한 명의 선수가 있습니다.

③ 따라서 달리기 시합에 참가한 선수는 총 5명입니다. (정답)

앞 ( ) ( ) (B) (C) ( ) 뒤
   1   2   3   4   5

대표문제 확인하기 .... P. 75

[정답] 18개

〈풀이 과정〉

① 무우와 친구들이 묶게 된 2층의 가장 끝방이 여섯 번째 방이라고 했으므로 숙소의 2층에는 6개의 방이 있는 것을 알 수 있습니다.

② 한 층씩 올라갈수록 방의 개수가 한 개씩 줄어든다고 했으므로 1층에는 7개의 방이, 3층에는 5개의 방이 있게 됩니다.

③ 따라서 숙소에는 총 5 + 6 + 7 = 18개의 방이 있습니다.
(정답)

연습문제 01 .... P. 76

[정답] 다섯 번째

〈풀이 과정〉

① 먼저 오른쪽에서 네 번째 칸에 있는 토끼 인형의 위치를 표시합니다.

오른쪽

네 번째 세 번째 두 번째 첫 번째

② 토끼 인형의 오른쪽 두 번째 칸에 있는 펭귄 인형의 위치를 표시합니다.

왼쪽

   토끼   펭귄

두 번째 세 번째 네 번째 다섯 번째

③ 따라서 펭귄 인형이 들어있는 상자는 왼쪽에서 다섯 번째 칸입니다.

연습문제 **02** ········· P. 76

[정답] 풀이 과정 참조

〈풀이 과정〉

① (1)조건에 맞는 도형에 √ 표시하고, 모든 조건을 만족하는 도형에 ○ 표시합니다.

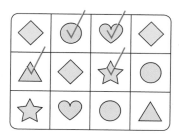

② (2), (3) 조건에 의해, 이 도형의 아래에는 한 개의 도형이, 왼쪽에는 두 개의 도형이 있습니다.

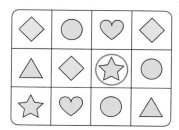

(정답)

연습문제 **03** ········· P. 77

[정답] 10명

〈풀이 과정〉

① 〈보기〉의 내용에 따라 ○를 이용해 그림을 그리면 다음과 같습니다.

(1) 앞 ○○Ⓐ 뒤

(2) 앞 ○○ⒶⒷ○○○○○○ 뒤

② 따라서 줄을 선 학생은 총 10명입니다.

연습문제 **04** ········· P. 77

[정답] 풀이 과정 참조

〈풀이 과정〉

① 〈보기〉의 내용에 따라 각 자리에 알맞은 친구의 이름을 적습니다.

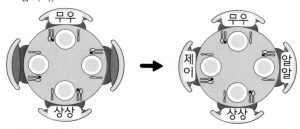

무우와 상상이는 서로 맞은편에 앉았습니다.

제이는 무우의 오른쪽에 앉았습니다. (정답)

② 위와 같이 각 자리에 알맞은 친구의 이름을 적을 수 있으며 남은 빈칸 하나에 알알이의 이름을 적을 수 있습니다. 순서는 그대로이고, 자리만 회전한 경우는 같은 경우로 봅니다.

연습문제 **05** ········· P. 78

[정답] 풀이 과정 참조

〈풀이 과정〉

① 무우의 사물함 아래에 상상이의 사물함이 있는 경우는 다음과 같이 두 가지입니다.

 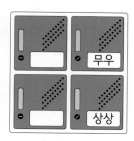

② 알알이의 사물함이 무우의 사물함 왼쪽에 있다고 했으므로 두 번째 경우가 맞는 경우입니다. 무우의 사물함 왼쪽에 알알이의 이름을, 남은 한 개의 사물함 위에 제이의 이름을 적을 수 있습니다.

(정답)

연습문제 **06** ·· P. 78

[정답] 15명

〈풀이 과정〉

① 무우는 앞에서 다섯 번째에 서 있다고 했으므로 무우의 앞에는 네 명의 사람들이 서 있습니다. 또한 상상이의 뒤에는 일곱 명의 사람이, 무우와 상상이의 사이에는 알알이와 제이가 서 있는 것을 그림 위에 나타내면 다음과 같습니다.

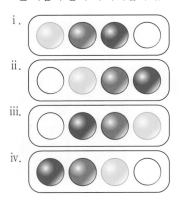

② 따라서 줄을 선 사람들은 총 4 + 1 + 2 + 1 + 7 = 15명 입니다. (정답)

연습문제 **07** ·· P. 79

[정답] 풀이 과정 참조

〈풀이 과정〉

① 빨간색 구슬의 양 옆에 노란색과 파란색 구슬이 오는 경우는 다음과 같이 네 가지입니다.

ⅰ.

ⅱ.

ⅲ.

ⅳ.

② 초록색 구슬이 파란색 구슬의 바로 왼쪽에 있다고 했으므로 파란색 구슬의 바로 왼쪽 칸이 비어 있는 세 번째가 맞는 경우이며 첫 번째 칸에 초록색 구슬을 놓을 수 있습니다.

(정답)

연습문제 **08** ·· P. 79

[정답] 12그루

〈풀이 과정〉

① 먼저 각 꼭짓점 위치에 나무를 한 그루씩 심어줍니다. 그 다음 한줄에 나무가 네 그루씩 있도록 각 줄마다 두 그루의 나무를 더 심습니다.

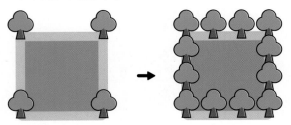

② 둘레길에 심어야 하는 나무는 총 4 + 8 = 12그루입니다. (정답)

연습문제 **09** ·· P. 80

[정답] 풀이 과정 참조

〈풀이 과정〉

① 세탁소의 동쪽에 도서관이 있는 경우는 다음과 같이 두 가지입니다.

② 문구점의 남쪽에 세탁소가 있다고 했으므로 두 번째 경우가 맞는 경우입니다. 세탁소의 북쪽에 문구점을, 남은 장소한 곳에 편의점을 써 넣을 수 있습니다.

(정답)

연습문제 10 · · · · · · · · · · P. 80

[정답] 18명

〈풀이 과정〉

① 네 번째로 선 무우의 뒤에는 두 명의 친구가 서 있습니다.
➡ 무우가 네 번째이므로 무우의 앞에는 세 명, 무우의 뒤에는 두 명의 친구가 서 있는 것을 알 수 있습니다. 따라서 한 줄에는 3 + 1 + 2 = 6명의 친구들이 서 있습니다.

② 한 줄에 6명씩 세 줄로 섰으므로 무우네 반 친구들은 총 6 × 3 = 18명입니다. (정답)

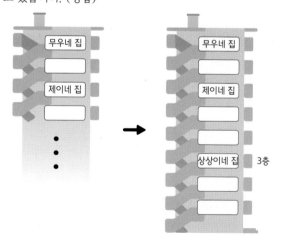

연습문제 11 · · · · · · · · · · P. 81

[정답] 6층

〈풀이 과정〉

① 집에서 출발한 제이는 맨 윗층에 살고 있는 무우네 집에 가기 위해 두 층을 올라갔습니다.
➡ 제이는 무우네 집에서 두 층 아래에 살고 있습니다.

② 제이는 무우네 집에서 다섯 층을 내려가 3층에 살고 있는 상상이네로 갔습니다.
➡ 무우네 집은 8층입니다.

③ 따라서 제이는 무우네 집인 8층보다 두 층 아래인 6층에 살고 있습니다. (정답)

연습문제 12 · · · · · · · · · · P. 81

[정답] 9명

〈풀이 과정〉

① 무우의 뒤에 7명의 친구가 서 있다고 했으므로 이를 그림으로 나타내면 다음과 같습니다.

② 또한 상상이의 앞에 4명의 친구가 있으면서 무우와 상상이 사이에 2명의 친구가 있는 경우는 다음과 같이 두 가지입니다.

③ 이어달리기에 참가한 학생들의 총 인원수가 10명보다 적다고 했으므로 두 번째가 맞는 경우입니다. 따라서 줄을 선 학생은 총 9명입니다. (정답)

심화문제 01 · · · · · · · · · · P. 82

[정답] 3개

〈풀이 과정〉

① (1) 알알이는 제이보다 두 개의 사탕을 더 먹었습니다.
➡ 알알 = 제이 + 2개

② (2) 상상이는 무우보다 한 개의 사탕을 더 먹었습니다.
➡ 상상 = 무우 + 1개

③ (3) 무우와 알알이가 먹은 사탕의 개수는 같습니다.
➡ 무우 = 알알
➡ 무우 = 제이 + 2개
➡ 그런데 상상이는 무우보다 한 개의 사탕을 더 먹었으므로 제이보다는 세 개의 사탕을 더 먹은 것을 알 수 있습니다.

④ 따라서 상상이는 제이보다 세 개의 사탕을 더 먹었습니다. (정답)

심화문제 02 · · · · · · · · · · P. 83

[정답] 16개

〈풀이 과정〉

① 무우는 앞에서 첫 번째, 창가쪽에서 세 번째 자리에 앉게 되었다고 했으므로 무우의 왼쪽에는 두 줄의 책상이 더 있는 것을 알 수 있습니다.

② 상상이는 복도쪽에서 두 번째, 뒤에서 세 번째 자리에 앉게 되었다고 했으므로 상상이의 오른쪽에는 한 줄의 책상이, 상상이의 뒤에는 두 개의 책상이 더 있는 것을 알 수 있습니다.

③ 그런데 상상이의 바로 앞자리에 무우가 있다고 했으므로 다음 그림과 같이 무우네 반에는 총 16개의 책상이 있는 것을 알 수 있습니다.

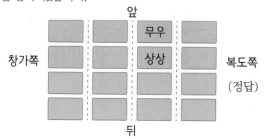

심화문제 **03** ·········· P. 84

[정답] 20m

<풀이 과정>

① 다음과 같이 공이 세 번째로 땅에 닿을 때까지의 모습을 그릴 수 있습니다.

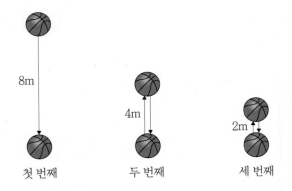

8m

4m

2m

첫 번째   두 번째   세 번째

② 공이 세 번째로 땅에 닿을 때까지 움직인 거리는 총 8 + 4 + 4 + 2 + 2 = 20m입니다. (정답)

심화문제 **04** ·········· P. 85

[정답] 풀이 과정 참조

<풀이 과정>

① (1) 백화점에서 남쪽으로 길을 건너면 주유소가 있습니다.
   ➡ 백화점의 아래쪽에 주유소가 있습니다.

② (2) 마트에서 동쪽으로 길을 건너면 카페가 있습니다.
   ➡ 마트의 오른쪽에 카페가 있습니다.

③ (3) 백화점에서 한 번만 길을 건너면 마트를 갈 수 있습니다.
   ➡ 백화점의 아래쪽에는 주유소, 마트의 오른쪽에는 카페가 있으므로 마트의 왼쪽에 백화점이 있는 것을 알 수 있습니다.
   (1), (2), (3)번 조건을 이용해 아래와 같이 그림을 채울 수 있습니다.

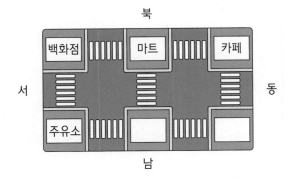

④ (4) 편의점에서 한 번만 길을 건너면 빵집 또는 카페를 갈 수 있습니다.
   ➡ 편의점은 카페 아래, 빵집 오른쪽에 위치합니다.
   모든 조건을 이용해 그림을 완성시키면 다음과 같습니다.

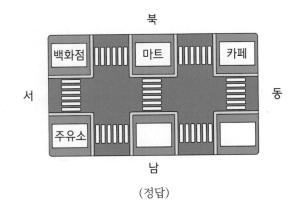

(정답)

창의적문제해결수학 **01** ·········· P. 86

[정답] 풀이 과정 참조

<풀이 과정>

① 먼저 이상한 나라의 말을 사실대로 적어보면 다음과 같습니다.

   다람쥐 : 토끼의 집은 강아지 집의 바로 오른쪽에 있어!
   ➡ 토끼의 집은 강아지 집의 바로 왼쪽에 있어!

   강아지 : 우리 집의 윗층에는 고양이가 살아!
   ➡ 우리 집의 아래층에는 고양이가 살아!

② 토끼의 집은 강아지 집의 바로 왼쪽에 있다고 했으므로 토끼는 왼쪽 집에, 강아지는 오른쪽 집에 사는 것을 알 수 있습니다.
   또한 강아지 집의 아래층에는 고양이가 산다고 했으므로 강아지와 고양이는 각각 오른쪽 집의 위, 아래층에 사는 것을 알 수 있습니다.
   그러므로 토끼의 집은 강아지 집의 바로 왼쪽 집 윗층에, 자연스레 다람쥐는 남은 왼쪽 집 아래층에 사는 것을 알 수 있습니다.
   이를 그림으로 나타내면 다음과 같습니다.

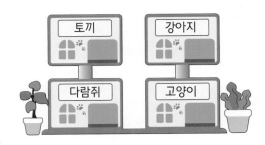

[정답] 상상 : 4개, 알알 : 4개, 제이 : 6개

〈풀이 과정〉

① 상상, 알알, 제이가 먹은 14개의 초콜릿 중 제이가 더 먹은 2개의 초콜릿을 빼면
14 - 2 = 12개입니다.

② 12개의 초콜릿을 3명이서 똑같이 나눠 먹는 방법은 한 명당 4개의 초콜릿을 먹는 것입니다. ➜ 4 + 4 + 4 = 12개

③ 14개에서 2개를 뺀 12개의 초콜릿을 3명이서 똑같이 나누어 가지고, 먼저 빼둔 2개의 초콜릿을 제이가 가진다면 상상이와 알알이는 4개씩의 초콜릿을, 제이는 6개의 초콜릿을 먹게 됩니다. (정답)

5. 표와 그래프

[정답] 풀이 과정 참조

〈풀이 과정〉

① 다음과 같이 모양과 색깔이 알맞은 도형의 개수를 세어 표의 빈칸을 채울 수 있습니다.

모양	□	○	☆
개수	6 개	5 개	5 개

색깔	(빨강)	(회색)	(빨강)
개수	5 개	5 개	6 개

(정답)

[정답] 풀이 과정 참조

〈풀이 과정〉

① 한 칸이 2개의 풍선에 해당하는 것에 유의해 다음과 같이 그래프를 완성할 수 있습니다.

10	○			
8	○		○	
6	○		○	○
4	○	○	○	○
2	○	○	○	○
개	무우	알알	제이	상상

(정답)

[정답] 풀이 과정 참조

〈풀이 과정〉

① 다음과 같이 표와 그래프를 완성할 수 있습니다.

여행지	부산	경주	강원도	제주도
학생 수	4 명	3 명	3 명	6 명

6				○
5				○
4	○			○
3	○	○	○	○
2	○	○	○	○
1	○	○	○	○
명	부산	경주	강원도	제주도

② 다음과 같이 알맞은 말에 ○ 표시를 할 수 있습니다.

(1) 어느 여행지를 몇 명이 가고 싶어 하는지 알아보기에 편리한 것은 (표), 그래프)입니다.

(2) 어느 여행지를 가장 많이 가고 싶어 하는지 알아보기에 편리한 것은 (표 , 그래프)입니다.

연습문제 **02** .... P. 96

[정답] 가을

〈풀이 과정〉

① 주어진 두 개의 표를 보고 각 계절별로 좋아하는 총 학생 수를 구합니다.

봄 : 4명 + 1명 = 5명
여름 : 2명 + 3명 = 5명
가을 : 3명 + 3명 = 6명
겨울 : 1명 + 4명 = 5명

② 따라서 무우네 반 친구들이 가장 좋아하는 계절은 가을입니다. (정답)

연습문제 **03** .... P. 97

[정답] 풀이 과정 참조

〈풀이 과정〉

① 반 친구들의 총 인원수 30명에서 사과, 딸기, 바나나를 좋아하는 친구 수의 합을 빼면 수박을 좋아하는 친구의 수를 구할 수 있습니다.

사과를 좋아하는 친구들의 수 : 5명
딸기를 좋아하는 친구들의 수 : 7명
바나나를 좋아하는 친구들의 수 : 4명
사과, 딸기, 바나나를 좋아하는 친구들의 수 : 5 + 7 + 4 = 16명

② 따라서 수박을 좋아하는 친구들은 20 – 16 = 4명이며, 다음과 같이 그래프를 완성할 수 있습니다.

7			○	
6			○	
5	○		○	
4	○	○	○	○
3	○	○	○	○
2	○	○	○	○
1	○	○	○	○
명	사과	수박	딸기	바나나

(정답)

연습문제 **04** .... P. 97

[정답] 무우와 알알, 22권

〈풀이 과정〉

① 다음과 같이 그래프에 선분을 그어 간단하게 구할 수 있습니다. 빨간 선 아래에 그래프가 그려진 친구들은 5권보다 적은 수의 책을, 빨간 선 위까지 그래프가 그려진 친구들은 5권보다 많은 수의 책을 읽었습니다.

10	○			
8	○			
6	○		○	
4	○	○	○	
2	○	○	○	○
권	무우	상상	알알	제이

② 따라서 5권보다 많은 수의 책을 읽은 친구는 무우와 알알이이며, 넷이서 한 달 동안 읽은 책은 총 10 + 4 + 6 + 2 = 22권입니다. (정답)

연습문제 **05** .... P. 98

[정답] 26명

〈풀이 과정〉

① B형인 학생 수는 AB형인 학생 수 4명의 2배라고 했으므로 4 × 2 = 8명입니다.

② 제이네 반의 총 학생 수는 A형인 학생 6명, B형인 학생 8명, AB형인 학생 4명, O형인 학생 8명을 모두 더한 6 + 8 + 4 + 8 = 26명입니다. (정답)

또한 다음과 같이 그래프를 완성할 수 있습니다.

10				
8		○		○
6	○	○		○
4	○	○	○	○
2	○	○	○	○
명	A형	B형	AB형	O형

연습문제　06　⋯⋯⋯⋯⋯⋯⋯⋯　P. 98

[정답] 풀이 과정 참조

<풀이 과정>

① 주어진 정보로 알 수 있는 기호부터 차례대로 알맞은 학생 수를 구합니다.

/	포도	오렌지	사과	합계
1반	8명	11명	㉠	25명
2반	㉡	9명	㉢	22명
3반	6명	㉣	㉤	24명
합계	21명	㉥	22명	/

㉠ : 25 - 8 - 11 = 6명
㉡ : 21 - 8 - 6 = 7명
㉢ : 22 - 7 - 9 = 6명
㉤ : 22 - 6 - 6 = 10명
㉣ : 24 - 6 - 10 = 8명
㉥ : 11 + 9 + 8 = 28명

② 위에서 구한 답을 이용해 표를 완성하면 다음과 같습니다.

/	포도	오렌지	사과	합계
1반	8명	11명	6명	25명
2반	7명	9명	6명	22명
3반	6명	8명	10명	24명
합계	21명	28명	22명	71명

(정답)

연습문제　07　⋯⋯⋯⋯⋯⋯⋯⋯　P. 99

[정답] 풀이 과정 참조

<풀이 과정>

① 각 친구들마다 맞은 문제의 개수와 틀린 문제의 개수의 합이 10이 되는 것을 이용해 다음과 같이 표와 그래프의 빈 칸을 채울 수 있습니다.

이름	무우	상상	알알	제이
개수	9 개	7개	8개	6 개

(맞은 문제의 개수)

6				
5				
4				○
3		○		○
2		○	○	○
1	○	○	○	○
개	무우	상상	알알	제이

(틀린 문제의 개수)

연습문제　08　⋯⋯⋯⋯⋯⋯⋯⋯　P. 99

[정답] 5명

<풀이 과정>

① 1반보다 2반의 인원수가 3명 더 많다고 했으므로 1반의 인원수를 구한 후 3을 더하면 2반의 인원수를 구할 수 있습니다. 1반의 인원수가 3 + 4 + 1 + 6 = 14명이므로 2반의 인원수는 14 + 3 = 17명입니다.

③ 2반 친구들의 총 인원수 17명에서 햄버거, 떡볶이, 치킨을 좋아하는 친구 수의 합(4 + 3 + 5 = 12명)을 빼면 피자를 좋아하는 친구 수를 구할 수 있습니다.

➡ 17 - 12 = 5명

따라서 2반 친구들 중 피자를 좋아하는 친구는 5명입니다. 또한 다음과 같이 그래프를 완성할 수 있습니다.

6				
5		○		○
4	○	○		○
3	○	○	○	○
2	○	○	○	○
1	○	○	○	○
명	햄버거	피자	떡볶이	치킨

(2반 친구들이 좋아하는 음식)

5 정답 및 풀이

연습문제 **09** ·········· P. 100

[정답] 풀이 과정 참조

〈풀이 과정〉

① 알알이네 반 친구들의 총 인원수 27명에서 축구, 야구, 테니스를 좋아하는 친구 수의 합(5 + 7 + 3 = 15명)을 빼면 농구와 피구를 좋아하는 학생 수의 합을 구할 수 있습니다.

➡ 27 - 15 = 12명

② 농구와 피구를 좋아하는 학생 수의 합이 12명이고, 피구를 좋아하는 학생 수가 농구를 좋아하는 학생 수의 두 배라고 했으므로 농구를 좋아하는 학생 수는 4명, 피구를 좋아하는 학생 수는 8명입니다. 또한 다음과 같이 표를 완성할 수 있습니다.

이름	축구	농구	야구	피구	테니스
학생 수	5명	4 명	7명	8 명	3명

(정답)

연습문제 **10** ·········· P. 100

[정답] 무우

〈풀이 과정〉

① 주어진 결과를 보고 다음과 같이 아래 표에 바를 정자(正)를 표시할 수 있습니다.

1번째 판 ➡ 무우-가위, 상상-보 　무우 승
2번째 판 ➡ 무우-가위, 상상-바위 　상상 승
3번째 판 ➡ 무우-바위, 상상-가위 　무우 승
4번째 판 ➡ 무우-보, 상상-가위 　상상 승
5번째 판 ➡ 무우-바위, 상상-보 　상상 승

	이긴 횟수	진 횟수
무우	正	正
상상	正	正

② 다섯 판 중 무우는 2번, 상상이는 3번을 이겼으므로 아이스크림을 사게 된 친구는 무우입니다. (정답)

연습문제 **11** ·········· P. 101

[정답] 28명

〈풀이 과정〉

① 바나나 우유를 좋아하는 친구들의 수가 4명이므로, 그래프의 한 칸이 2명에 해당하는 것을 알 수 있습니다. 이를 이용해 그래프의 왼쪽 칸을 다음과 같이 채울 수 있습니다.

10		○		
8		○		○
6	○	○		○
4	○	○	○	○
2	○	○	○	○
명	초코	딸기	바나나	커피

② 따라서 상상이네 반 친구들은 총 6 + 10 + 4 + 8 = 28명입니다.

연습문제 **12** ·········· P. 101

[정답] ④번

〈풀이 과정〉

① 각 그래프의 특징을 살펴보며 문제의 상황에 알맞는 원그래프를 찾습니다.

①

➡ 두 항목의 면적이 같으므로 올바르지 않습니다.

②

➡ 세 항목의 면적이 모두 같으므로 올바르지 않습니다.

③

➡ 항목이 네 개이므로 올바르지 않습니다.

④

➡ 올바른 원그래프입니다.

[정답] 30일 : ㉣, 31일 : ㉢

〈풀이 과정〉

① 보기에 주어진 내용을 보고 얻을 수 있는 정보를 생각해 봅니다.

ⅰ. 이틀 연속으로 비가 오는 날은 없습니다.
  ➡ 30일은 비가 오는 날이 아닙니다.

ⅱ. 화창한 날의 수는 비가 오는 날의 두 배입니다.
  ➡ 1일부터 29일 중 화창한 날은 13일, 비가 오는 날은 6일입니다. 30일과 31일 중 하루는 화창한 날, 하루는 비가 오는 날이 되면 각각 14일과 7일로 화창한 날이 비가 오는 날의 두 배가 되게 됩니다.

② 30일은 비가 오는 날이 아니므로 30일이 화창한 날, 31일이 비가 오는 날인 것을 알 수 있습니다. 따라서 30일에는 ㉣그림이, 31일에는 ㉢그림이 들어가게 됩니다. (정답)

[정답] 2등-D선수, 3등-B선수

〈풀이 과정〉

① 결과표의 순위표를 보고 다음과 같이 점수표를 채울 수 있습니다. 총점은 아래와 같이 계산됩니다.

	1게임	2게임	3게임	4게임	5회차
A선수	5점	3점	2점	5점	1점
B선수	3점	5점	1점	3점	?
C선수	2점	1점	3점	1점	5점
D선수	1점	2점	5점	2점	?

	총점
A선수	5 + 3 + 2 + 5 + 1 = 16점
B선수	3 + 5 + 1 + 3 + ? = ?점
C선수	2 + 1 + 3 + 1 + 5 = 12점
D선수	1 + 2 + 5 + 2 + ? = ?점

② 위의 점수표를 보고 A선수와 C선수는 5게임까지 점수의 총합을, B선수와 D선수는 4게임까지 점수의 총합을 구할 수 있습니다.

5게임까지 점수의 총합 : A선수 ➡ 16점, C선수 ➡ 12점
4게임까지 점수의 총합 : B선수 ➡ 12점, D선수 ➡ 10점

③ 5게임에서 C선수가 1등을, A선수가 4등을 했습니다. B선수가 2등을 해 3점을, D선수가 3등을 해 2점을 받게 된다면 D선수와 C선수의 점수가 같게 되므로 올바르지 않습니다. 따라서 5게임에서 2등을 한 선수는 D선수, 3등을 한 선수는 B선수인 것을 알 수 있습니다. 또한 다음과 같이 점수표를 완성할 수 있습니다.

	1게임	2게임	3게임	4게임	5회차
A선수	5점	3점	2점	5점	1점
B선수	3점	5점	1점	3점	2점
C선수	2점	1점	3점	1점	5점
D선수	1점	2점	5점	2점	3점

	총점
A선수	5 + 3 + 2 + 5 + 1 = 16점
B선수	3 + 5 + 1 + 3 + 2 = 14점
C선수	2 + 1 + 3 + 1 + 5 = 12점
D선수	1 + 2 + 5 + 2 + 3 = 13점

(정답)

심화문제 **03** ·········· P. 104

[정답] 풀이 과정 참조

<풀이 과정>

① <보기>에 주어진 내용을 보고 얻을 수 있는 정보를 생각해 봅니다.

　(1) 고양이를 키우는 친구는 9명입니다.

　　➡ 그래프를 보면 고양이는 세 칸에 표시가 되어 있는 것을 알 수 있습니다. 따라서 그래프의 한 칸은 3명을 의미하며, 3칸이 표시되어 9명인 것을 알 수 있습니다.

15	○				
12	○				○
9	○		○		○
6	○	○	○		○
3	○	○	○		○
명	강아지	토끼	고양이	햄스터	물고기

　(2)&(3) 아무 동물도 키우지 않는 친구는 8명이며 2학년은 총 56명입니다.

　　➡ 2학년 친구들의 총 인원수 56명에서 아무 동물도 키우지 않는 8명을 빼면 48명입니다. 따라서 동물을 키우는 친구들의 총 인원수가 48명인 것을 알 수 있습니다.

② 강아지, 토끼, 고양이, 물고기를 키우는 친구 수의 총합(15 + 6 + 9 + 12 = 42명)을 48명에서 빼면 햄스터를 키우는 친구 수를 알 수 있습니다.

　　➡ 햄스터를 키우는 친구 수 48 − 42 = 6명

따라서 햄스터를 키우는 친구 수는 6명입니다. 또한 다음과 같이 그래프를 완성할 수 있습니다.

15	○				
12	○				○
9	○		○		○
6	○	○	○	○	○
3	○	○	○	○	○
명	강아지	토끼	고양이	햄스터	물고기

(정답)

심화문제 **04** ·········· P. 105

[정답] 풀이 과정 참조

<풀이 과정>

① 먼저 상상이네 반 전체 학생 수 30명에서 연예인, 경찰관, 과학자가 되고 싶은 친구 수의 합(7 + 4 + 3 = 14명)을 빼어 선생님, 운동선수, 의사가 되고 싶은 친구 수의 합을 구합니다.

　➡ 30 − 14 = 16명

선생님, 운동선수, 의사가 되고 싶은 친구들은 총 16명입니다.

③ 조건에 따르면 선생님이 되고 싶은 학생 수는 운동선수가 되고 싶은 학생 수보다는 두 명이 적고, 의사가 되고 싶은 학생 수보다는 한 명이 많다는 것을 알 수 있습니다.

운동선수가 되고 싶은 학생이 7명, 선생님이 되고 싶은 학생이 5명, 의사가 되고 싶은 학생이 4명일 때 총합이 7 + 5 + 4 = 16명이며 <보기>의 조건을 모두 만족하는 것을 알 수 있습니다. 또한 다음과 같이 그래프를 완성할 수 있습니다.

명	1	2	3	4	5	6	7	8
연예인	○	○	○	○	○	○	○	
선생님	○	○	○	○	○			
경찰관	○	○	○	○				
과학자	○	○	○					
운동선수	○	○	○	○	○	○	○	
의사	○	○	○	○				

(정답)

창의적문제해결수학 **01** ·········· P. 106

[정답] 6명

<풀이 과정>

① 25명의 친구들이 두 번씩 손을 들면 손을 드는 횟수는 총 25 × 2 = 50번이 되게 됩니다. 총 손을 든 횟수 50에서 과학관, 놀이공원, 박물관에 가고 싶다고 손든 친구 수의 합(9 + 25 + 10 = 44명)을 빼면 유적지에 가고싶은 친구 수를 구할 수 있습니다.

　➡ 50 − 44 = 6명

따라서 유적지에 가고 싶다고 손든 친구들은 6명인 것을 알 수 있습니다. 또한 다음과 같이 표를 완성할 수 있습니다.

	과학관	놀이공원	유적지	박물관
인원수	9명	25명	6명	10명

(정답)

[정답] 오렌지 : 5개, 사과 : 5개, 망고 : 3개

〈풀이 과정〉

① 주어진 〈조건〉을 보고 얻을 수 있는 정보를 생각해 봅니다.

(1) 사과의 개수는 바나나보다 많지만 딸기보다 적습니다.
➡ 사과의 개수는 4개보다 많고 7개보다 적으므로 5개 또는 6개입니다.

② 모든 과일 개수의 총합 24에서 바나나와 딸기 개수의 합 (4 + 7 = 11개)을 빼면 오렌지, 사과, 망고 개수의 합을 구할 수 있습니다.
➡ 24 − 11 = 13개
따라서 오렌지, 사과, 망고 개수의 합은 13개입니다.

③ 사과의 개수가 5개일 때와 6개일 때로 경우를 나누어 풀이합니다.

ⅰ. 사과의 개수가 5개일 때
사과의 개수가 5개이면 오렌지와 망고 개수의 합은 13 − 5 = 8개입니다.
개수의 합이 8이면서 오렌지의 개수가 망고보다 2개가 더 많은 경우는 오렌지가 5개, 망고가 3개인 경우입니다.

ⅱ. 사과의 개수가 6개일 때
사과의 개수가 6개이면 오렌지와 망고 개수의 합은 13 − 6 = 7개입니다.
개수의 합이 7이면서 오렌지의 개수가 망고보다 2개가 더 많은 경우는 없습니다.

④ 따라서 사과의 개수가 5개일 때 오렌지의 개수는 5개, 망고의 개수는 3개입니다. 또한 다음과 같이 표를 완성할 수 있습니다.

	바나나	딸기	오렌지	사과	망고	합계
개수	4개	7개	5개	5개	3개	24개

(정답)

MEMO

영재들의 수학여행 Math Travel

창의영재수학

아이앤아이

무우 ~ 상상 ~ 알알 ~ 제이 ~

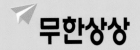

무한상상

무한상상 카페 cafe.naver.com/creativeini

창 의 영 재 수 학

아이앤아이

무한상상 교재 활용법

무한상상은 상상이 현실이 되는 차별화된 창의교육을 만들어갑니다.

	아이앤아이 시리즈					
		특목고, 영재교육원 대비서				
	아이앤아이 영재들의 수학여행	아이앤아이 꾸러미	아이앤아이 꾸러미 120제	아이앤아이 꾸러미 48제	아이앤아이 꾸러미 과학대회	창의력과학 아이앤아이 I&I
	수학 (단계별 영재교육)	수학, 과학	수학, 과학	수학, 과학	과학	과학
6세~초1	출시 예정 수, 연산, 도형, 측정, 규칙, 문제해결력, 워크북 (7권)					
초1~3	수와 연산, 도형, 측정, 규칙, 자료와 가능성, 문제해결력, 워크북 (7권)					
초3~5	출시 예정 수와 연산, 도형, 측정, 규칙, 자료와 가능성, 문제해결력 (6권)		수학, 과학 (2권)	수학, 과학 (2권)		
초4~6	출시 예정 수와 연산, 도형, 측정, 규칙, 자료와 가능성, 문제해결력 (6권)				과학토론 대회, 과학산출물 대회, 발명품 대회 등 대회 출전 노하우	
초6	출시 예정 수와 연산, 도형, 측정, 규칙, 자료와 가능성, 문제해결력 (6권)					
중등			수학, 과학 (2권)	수학, 과학 (2권)		물리(상,하), 화학(상,하), 생명과학(상,하), 지구과학(상,하) (8권)
고등					과학토론 대회, 과학산출물 대회, 발명품 대회 등 대회 출전 노하우	